SNEAKERS THE COMPLETE LIMITED EDITIONS GUIDE

スニーカー 限定モデルガイド

コラボ、限定生産、記念コレクション──レアなアイテムを徹底解剖！

文・デザイン：アンオーソドックス・スタイルズ
翻訳：田口 未和

First published in the United Kingdom in 2014 by Thames & Hudson Ltd, 181A High Holborn, London WC1V 7QX

Sneakers: The Complete Limited Editions Guide © 2014 U-Dox

All Rights Reserved. No part of this publication may be reproduced or transmitted in any form or by any means, electronic or mechanical, including photocopy, recording or any other information storage and retrieval system, without prior permission in writing from the publisher.

HEAD OF PRODUCTION
Niranjela Karunatilake at U-Dox Creative

DESIGN LEAD
Nick Hearne at U-Dox Creative

PHOTOGRAPHY
Phil Aylen at U-Dox Creative, except:

Ronnie Fieg x ASICS images by KITH NYC, pp. 49–51
Footpatrol store images by Louise Melchior, p. 243

U-DOX TEAM
Phil Aylen, Jess Ayles, Jaymz Campbell, Dan Canyon, Charlie Dennington, James Else, Chris George, Nick Hearne, Paul Jenkins, Liz Jones, Niranjela Karunatilake, Michael Keen, Leo Marks, Joseph O'Malley, Jess Ruiz, Tara Ryan, Joel Stoddart, Matt Tarr, Seb Thomas, Thuy Tran, Tom Viner, Mark Ward, Russell Williamson, Albert Zaragoza

目次

8–9　はじめに

ADIDAS アディダス

10–11　ブランドヒストリー
12　トップテン × アンディフィーテッド × エステヴァン・オリオール「1979」
13　スーパースケート × クルックドタンズ
14　フォーラム ミッド オールスター ウィークエンド アリゾナ 2009
15　フォーラム ハイ × フランク・ザ・ブッチャー「クレストパック」
16–17　スーパースター「35周年アニバーサリー」シリーズ
18　スーパースター ヴィンテージ「トップシークレット」
19　スーパースター 80s × Run-DMC
20　スーパースター 80s「Bサイド」× ア・ベイシング・エイプ
21　キャンバス 80s × ア・ベイシング・エイプ × アンディフィーテッド
22–23　キャンバス 80s × フットパトロール
24　アディゼロ プライムニット「ロンドンオリンピック」
25　シルバー プライムニット キャンバス
26　アディカラー ロー Y1 × ツイスト・フォー・ハフ
27　「オクトーバーフェスト」&「VIP」ミュンヘン × クルックドタンズ
28　ガッツレー「ベルリン」× ネイバーフッド
29　ロッドレーバー ヴィンテージ × ミタスニーカーズ
30　スタンスミス ヴィンテージ × No74 × No6
31　ロッドレーバー スーパー × オキニ「ナイルカーブフィッシュ」
32　ZX500 × シャニクワ・ジャーヴィス
33　ZX500 × クオート
34　RMX EQT サポートランナー × アイラック
35　ZX8000 × ミタスニーカーズ
36　スーパースター 1 × スター・ウォーズ「30周年アニバーサリー」
37　スーパースター 80s & ZX8000 G-SNK × アトモス
38　オリジナルス ZX9000 × クルックドタンズ
39　ZX8000 × ジャック・シャサン＆マーカス・ターラー
40　トレーニング 72 NG × ノエル・ギャラガー
41　インモタイル × ブルックリン・マシーン・ワークス
42　JSベア × ジェレミー・スコット
43　JSウィングス × ジェレミー・スコット
44–45　サンバ × リオネル・メッシ／プロ シェル × スヌープ・ドッグ「スヌーパースター」

ASICS アシックス

46–47　ブランドヒストリー
48　オニツカタイガー ファブレ BL-L「パンダ」× ミタスニーカーズ
49　ゲルライトIII「セルヴェッジデニム」× ロニー・フィーグ
50　ゲルサガII「マザリンブルー」× ロニー・フィーグ
51　GT-II「スーパーレッド 2.0」× ロニー・フィーグ
52　GT-II「オリンピック チームネーデルラント」
53　ゲルライトIII「ハノン」「ワイルドキャッツ」
54　ゲルライトIII × エーライフ リヴィントンクラブ
55　ゲルライトIII × スラムジャム「フィフスディメンション」
56　GTII × SNS「セブンシール」
57　GT-II プロパー
58　ゲルライトIII × フットパトロール
59　ゲルライトIII × パッタ

CONVERSE コンバース

60–61　ブランドヒストリー
62–63　チャックテイラー オールスター「クリーンクラフテッド」× オフスプリング
64　（プロダクト）レッド チャックテイラー オールスターハイ
65　チャックテイラー オールスター TYO カスタムメイドハイ × ミタスニーカーズ
66　プロレザーミッド＆オックス × ボデガ
67　プロレザーミッド × ステューシー ニューヨーク
68　プロレザーミッド＆オックス × フットパトロール
69　プロレザーミッド＆オックス × パッタ
70　プロレザーミッド＆オックス × クロット
71　プロレザー＆オークランドレーサー × アロハラグ
72　コンバース × ミッソーニ
73　オールスター ロー × レイニングチャンプ
74　プロレザー × ジョーダンブランド
75　アシンメトリカル オールスターオックス＆ワンスターオックス × ナンバーナイン

NEW BALANCE ニューバランス

76–77　ブランドストーリー
78–79　ニューバランス × オフスプリング
80　M577「ブラックソード」× クルックドタンズ＆BJペッツ
81　M1500「ブラックビアード」× クルックドタンズ＆BJペッツ
82　M1500 × クルックドタンズ × ソールボックス
83　ニューバランス × ソールボックス「パープルデビルス」

目次

84	M576 × フットパトロール
85	ML999「スティールブルー」× ロニー・フィーグ & M1300「サーモンソール」× ロニー・フィーグ
86	M1500「チョーズンフュー」× ハノン
87	M576 × ハウス 33 × クルックドタンズ
88	MT580「10周年アニバーサリー」× リアルマッドヘクティク × ミタスニーカーズ
89	M1500 × La MJC × コレット
90	MT580 × リアルマッドヘクティク
91	CM1700 × ウィズリミテッド × ミタスニーカーズ
92	CM1500 & MT580 × La MJC × コレット × アンディフィーテッド
93	M1500「トゥースペースト」× ソールボックス
94–95	M577 × SNS × ミルククレイト

NIKE ナイキ

96–97	ブランドヒストリー
98	コルテッツプレミアム × マーク・スミス × トム・ルーデック
99	エアリフト × ハル・ベリー
100	エアハラチ「ACGモウブパック」
101	エアハラチライト × ステューシー
102	フリー 5.0 プレミアム & フリー 5.0 トレイル × アトモス
103	エアフロー × セルフリッジズ
104–105	エアプレスト プロモパック「アース、エア、ファイヤー、ウォーター」
106	エアプレスト × ハローキティ/「ハワイエディション」× ソールコレクター
107	エアプレスト ローム × HTM
108	エアフットスケープ ウーヴン チャッカ × ボデガ
109	エアフットスケープ ウーヴン × ザ・ハイドアウト
110	エアウーヴン「レインボー」× HTM
111	ルナ チャッカ ウーヴン ティアゼロ
112–113	エアマックス 1 × アトモス
114	エアマックス 1 × キッドロボット × バーニーズ
115	エアマックス 1 × NL プレミアム「キス・オブ・デス」× クロット
116–117	エアマックス × パッタ
118	エアマックス 90「タン・アン・チーク」× ディジー・ラスカル × ベン・ドルーリー
119	エアマックス 90 × カウズ
120	エアマックス 90 × DQM「ベーコンズ」
121	エアマックス 90 カレント ハラチ × DQM
122	エアマックス 90 カレント モアレ クイックストライク
123	ナイキ × ベン・ドルーリー
124	エアマックス 95「プロトタイプ」× ミタスニーカーズ
125	エア「ネオンパック」× デイヴ・ホワイト
126	エア 180 × オピウム
127	ルナ エア 180 ACG × サイズ？
128	エアフォース 180 × ユニオン
129	エアマックス 97 360 × ユニオン「ワンタイムオンリー」
130	エアバースト × スリム・シェイディ
131	エアマックス 1 × スリム・シェイディ
132	エアスタブ × フットパトロール
133	エアスタブ × ヒトミ・ヨコヤマ
134	エアクラシック BW & エアマックス 95 × スタッシュ
135	エアフォース II × エスポ
136–137	エアフォース 1 限定版とコラボモデル
138	エアフォース 1 フォームポジット「ティアゼロ」
139	エア フォームポジットワン「ギャラクシー」
140	ブレーザー × リバティ
141	SB ブレーザー × シュプリーム
142	バンダル × アパートメントストア「ベルリン」
143	バンダル シュプリーム「テアアウェイ」× ジェフ・マクフェトリッジ
144	テニスクラシック AC TZ「ミュージアム」× クロット
145	ルナウッド + × ウッドウッド
146	ダンク エディションズ
147	ダンク SB エディションズ
148–149	ダンクプロ SB ホワット・ザ・ダンク
150	ズーム ブルーイン SB × シュプリーム
151	エアトレーナー II SB × シュプリーム
152–153	フライニット × HTM
154–155	エアイージー × カニエ・ウェスト
156–157	エアマグ

AIR JORDAN エアジョーダン

158–159	ブランドヒストリー
160	エアジョーダン I レトロハイ ストラップ「ソール・トゥ・ソール」
161	エアジョーダン I レトロハイ「25周年アニバーサリー」
162	エアジョーダン I レトロハイ ラフ・アンド・タフ「Quai 54」
163	エアジョーダン II「カーメロ」
164	エアジョーダン III「ドゥ・ザ・ライト・シング」
165	エアジョーダン III ホワイト「フリップ」
166	エアジョーダン IV レトロ レア エア「レーザー」
167	エアジョーダン IV「マーズ・ブラックモン」
168	エアジョーダン V レトロ レア エア「レーザー」
169	エアジョーダン V レトロ「Quai 54」
170	エアジョーダン V「グリーンビーンズ」
171	エアジョーダン V T23「ジャパンオンリー」
172–173	エアジョーダン I「ウィングス・フォー・ザ・フューチャー」× デイヴ・ホワイト

PUMA プーマ

174–175	ブランドヒストリー
176	ステート × ソールボックス
177	クライド × ミタスニーカーズ
178	クライド × Yo! MTV ラップス

179	クライド × Yo! MTV ラップス（プロモ）	206–207	シンジケート × ダブルタップス		コラボレーター	
180	クライド × アンディフィーテッド「ゲームタイム」	208–209	バンズ × ザ・シンプソンズ			
181	クライド × アンディフィーテッド「スネークスキン」	210	バンズ × ケンゾー	240	はじめに	
182	スエード クラシック × シンゾー「ウサイン・ボルト」	211	オーセンティックプロ × シュプリーム × コム・デ・ギャルソン・シャツ	241	HTM／ミスター・カートゥーン	
183	スエード サイクル × ミタスニーカーズ	212–213	ヴォールト メジャーリーグ・ベースボール・コレクション	242	デイヴ・ホワイト／ロニー・フィーグ	
184	R698 × クラシックキックス	214	オーセンティック プロ＆ハーフキャブ プロ × シュプリーム「キャンベルスープ」	243	ハノンショップ／フットパトロール	
185	プーマ × シャドーソサエティ	215	エラ × コレット × コブラスネーク	244	ア・ベイシング・エイプ／ステューシー	
186	ディスク ブレイズOG × ロニー・フィーグ	216	Sk8ハイ × シュプリーム × バッド・ブレインズ	245	シュプリーム／アンディフィーテッド	
187	ディスク ブレイズLTWT × ビームス	217	バンズ × バッド・ブレインズ	246	ミタスニーカーズ／クロット	
188	ダラス「バニップ」ロー × スニーカーフリーカー	218	Sk8 × シュプリーム「パブリック・エナミー」	247	パッタ／スニーカーズ・アン・スタッフ	
189	ブレイズ オブ グローリー × ハイプビースト	219	オーセンティック シンジケート × ミスター・カートゥーン	248	クルックドタンズ／ソールボックス	
		220	シンジケート × ダブルタップス ノーガッツ・ノーグローリー Sk8ハイ	249	ベン・ドルーリー／ボデガ	
		221	Sk8ハイ＆エラ × シュプリーム × アリ・マルコポロス			
	REEBOK リーボック	222	シンジケート チャッカ ロー × シビリスト	250–251	スニーカーを解剖する	
		223	エラ × アラカザム × ステューシー	252–253	シューズテクノロジー用語集	
190–191	ブランドヒストリー	224	ヴォールト エラ LX × ブルックス	254–256	INDEX	
192	クラシックレザー × ミタスニーカーズ	225	ハーフキャブ 20 × シュプリーム × スティーブ・キャバレロ			
193	クラシックレザー ミッド ストラップ ラックス × キース・ヘリング					
194	ワークアウトプラス「25周年アニバーサリー」版		**そして忘れてはいけないのが…**			
195	インスタポンプフューリー × ミタスニーカーズ					
196	エックスオーフィット × クラクト × ミタスニーカーズ	226–227	はじめに			
197	アイスクリーム ロー × ビリオネアボーイズクラブ	228	ラコステ ミズーリ × キッドロボット			
198	コートフォース ビクトリーポンプ × エーライフ「ザ・ボールアウト」	229	ルコック スポルティフ エクラ × フットパトロール			
199	ポンプオムニ ライト ×「マーベル」デッドプール	230	ア・ベイシング・エイプ ベイプスタ × マーベル・コミックス			
200	クエスチョン ミッド × アンディフィーテッド	231	ア・ベイシング・エイプ ベイプスタ × ネイバーフッド			
201	ポンプオムニ ゾーンLT × ソールボックス	232	サッカニー シャドウ5000 × ボデガ「エリート」			
		233	フィラ トレイルブレイザー × フットパトロール			
	VANS バンズ	234	プロケッズ ロイヤルマスターDK「ハンティングブレイド」× ウールリッチ			
		235	プロケッズ ロイヤルロー × パッタ			
202–203	ブランドヒストリー	236	プロケッズ 69ERロー × ビズ・マーキー			
204	クラシック スリッポン ラックス × マーク・ジェイコブス	237	ポニー スラムダンク ヴィンテージ × リッキー・パウエル			
205	クラシック スリッポン × クロット	238–239	ポニー M100 × ディー＆リッキー			

はじめに

この10年近くの間に、スニーカーはポップカルチャーの最前線に躍り出て、日常ファッションの必須アイテムになるとともに、世界中で数十億ドル産業に発達したスポーツシューズビジネスの要としての地位を固めた。

スニーカーショップは次々とオープンし、ウェブサイトが開設され、ブログが書かれ、スニーカーの展覧会が各地で開催されてきた。スニーカー"セレブ"も生まれた。本書の前作『スニーカー』も、英国での出版を皮切りに各国で発行され、好評を得ている。スポーツ用シューズはその当初の目的を越えて、今ではさまざまなサブカルチャーを象徴するファッションアイテムとして履かれている。

スニーカー熱の高まりとそれを取り巻く文化は、もはや地域限定の現象ではなく、世界中にすばやく広まった。テクノロジーの進歩によって、キーボードを打つだけで、あるいは画面にタッチするだけで、どんな製品についての情報収集も入手も可能になり、スニーカーへの執着はますます加速された。最初はニューヨーク、ロンドン、東京などの大都市で生まれたトレンドだったが、現在はどこにでもスニーカー文化が見つかる。孤立した地方の町でさえ、新製品の販売開始前には、専門店の前で列を成して夜を明かすスニーカーヘッドたちの姿がある。

『スニーカー』はスニーカー愛好者やコレクターのための完全な情報提供を意図して制作された。その中で、各ブランドがクラシックモデルの新たな解釈を紹介しようと、競い合ってクリエイティブなサードパーティと提携している傾向に触れた。それ以来、数え切れないほどの限定版やコラボ版がショップの棚を飾ってきた。そして、この創造性の新たな噴出が今回の続編の中心的テーマとなっている。

前作『スニーカー』でもそうだったように、この1冊に2005年以降に発売されたすべての限定版を含めることはできない。毎年、おびただしい数の製品が絶え ず売り出されているのだから。そのため、世界のスニーカー市場にとくに強いインパクトを与えたスニーカー――それが最も好まれるものでも、最も希少価値の高いものでも――を選び出すことが目標になった。

ニューバランスの「M576×ハウス33×クルックドタンズ」(p.87)のような1回限りのコラボから、ナイキの「エアフォームポジット ワン "ギャラクシー"」(p.139)、アディダスの「ZX8000×ジャック・シャサン&マーカス・ターラー」(p.39)まで、本書では限定版スニーカー史の節目を飾るいくつかの重要なモデルを紹介している。

この限定版革命を先導したのは、ルールブックを引きちぎり、新しく面白みのある商品の開発に取り組んだブランドだった。たとえばナイキが独創的な作風で知られるニューヨークのグラフィティアーティスト、フューチュラ (p.147) やスタッシュ (p.134) と、アディダスが日本のストリートウェア大手のア・ベイシング・エイプ (pp.20-21) との協力で商品の人気と希少価値を新しいレベルに引き上げ

市場に出回るスニーカーの数よりも、それを欲しがる人間の数のほうが単純に多い

たように、ブランドは既存のスニーカーを新しい形で紹介する機会を積極的に利用してきた。その過程で、これまで未開発だった新たな顧客層と市場にリーチする道を切り開くことになったのだ。

その道のりの途中で、以前からのスニーカー愛好者たちは、自分のお気に入りのモデルが新しいカラーや素材で再リ

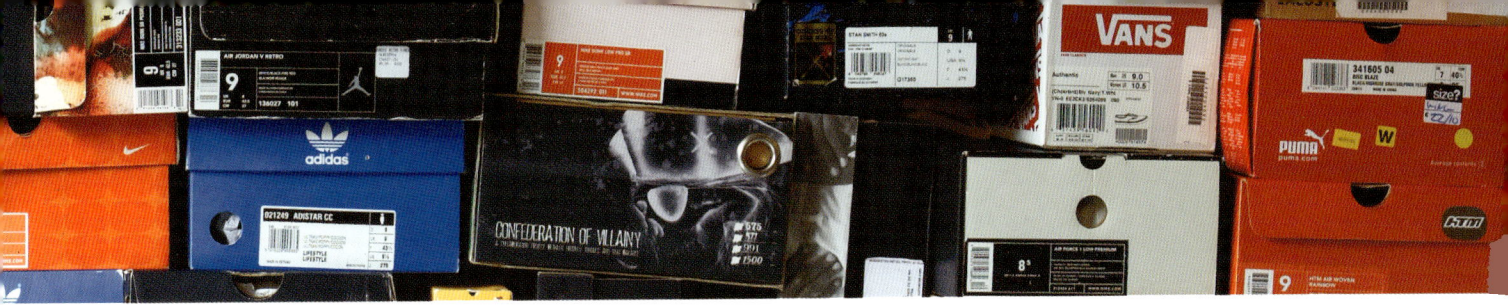

リースされるのを見て、しかも自分が尊敬する人物とのコラボレーションが多いこともわかって、スポーツシューズへの情熱を再び燃え上がらせた。

明らかに、この新たなトレンドの方程式を構成する重要な要素は、コラボレーター自身だ。コラボレーターとなるのはアーティスト、ミュージシャン、流行の仕掛け人、特定のブランドの信奉者、ショップ経営者、雑誌編集者、ブロガー、ブラガー（口のうまい人）、タトゥーイスト、写真家、アスリート、デザイナーなど広範な分野の人たちで、その数はどんどん増えている。

彼らに共通しているのはスニーカーへの愛だ。ブランドからアプローチされ、シューズを通してストーリーを語るチャンスを与えられることは、今ではそれほどめずらしくなくなったものの、彼らにとってはまだ十分に興奮を覚えるプロジェクトになる。飽きるほどスニーカーを目にしてきたマニアでも、大胆な配色や素材の可能性で頭の中がいっぱいになる。

ストーリーテリングもこの現象の重要な要素だ。近ごろでは消費者がこれまで以上にスニーカー夢中になり詳しくなっているため、ブランドは彼らの注意を引き、関心を維持するためにさらに一歩進めた努力をしなければならない。最初のうちは大胆な素材使いや奇抜なカラーリングで十分だったが、ここ何年かで目立ち始めたのは、スニーカーを通して"コンセプト"のようなあいまいな何かを表現するデザインを求める傾向だ。

ニューヨークの伝説の鳥をイメージしたナイキの「SB "ピジョン" ダンク」(p.149) や、ロンドンの公共交通機関の座席の色をテーマにした「フットパトロール エアスタブ」(p.132) は、スポーツ用シューズに何らかのコンセプトを取り入れて何かもっと深いストーリーを伝えている。クリエイティブな解釈の可能性は無限に広がる。

流通経路も変わり、スポーツシューズに関心を持つ人の数は驚くほどの勢いで増えている。"古きよき時代" をなつかしむ感傷的な30代の靴マニアから、今も熱意を失うことなく、最新の「エアイージー」(p.154) を求めて店舗前で徹夜して並ぶティーンエイジャーまで、現在のスニーカー文化はすべての人に何か与えるものを持っている。

これほど知識が豊富で流行に敏感な消費者が集まった飢えた市場で、こうした限定版のコレクションを発売しようと思えば、最も基本的な経済の法則のひとつに支配される。需要と供給の関係だ。市場に出回るスニーカーの数よりも、それを欲しがる人間の数のほうが単純に多く、その状況が、何としてでもそれらを手に入れようと個々の消費者を必死にさせ、同時にしばしば価格が暴騰する活発な再販市場を生み出している。

消費者は店舗の外で夜を明かし、入手困難な1足を手に入れるために計画を練り、相手をおだて、何カ月も前からお金を貯める。そして、無事に目当ての品を手に入れると次のターゲットへと移る。数あるスニーカーフォーラムやウェブサイトをチェックし、ツイッターでスニーカー好きの人たちのつぶやきを読んでみれば、今の社会でスニーカーへの執着がどれほどの規模になっているかを実感できるだろう。日常ベースで消費者を魅了し刺激している文化に私たちが再び目を向けようと考えたのは、おもにこの状況のためだ。

この2巻目の編集は楽しいと同時にもどかしさも感じる作業だった。どのシューズを取り上げるかについての予想された議論から、これまでに作られた最も希少なスニーカーを探し出すという課題まで、本当に好きでなければできない仕事だった。

私たちが編集を楽しんだのと同じくらい、読者のみなさんに本書を楽しんでもらえることを祈っている。

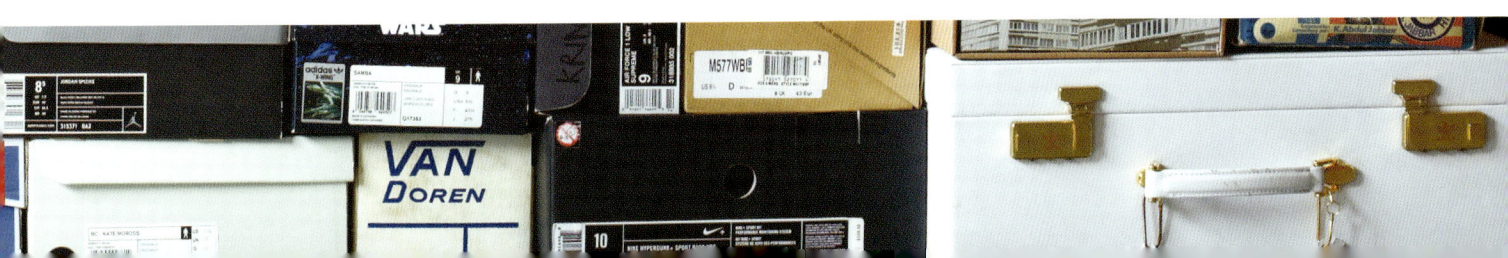

ADIDAS

アディダス

ブランドとしての歴史が20世紀前半にまでさかのぼるこのドイツ企業は、長くスポーツシューズ界の最先端に立ち、数え切れないサブカルチャーに刺激を与えてきた。

1980年代末に、アディダスはRun-DMC(ラン・ディーエムシー)との画期的なコラボレーションで新たなスニーカーコレクションを生み出した。これはスポーツブランドがスニーカーの新たなマーケティング方法の開拓に重点的に取り組んだ最も初期の例だった。アディダスは音楽界、とくにヒップホップとの強い結びつきを形成したパイオニアと言っていいだろう。1986年には「"マイ・アディダス" Run-DMCスーパースター ヴィンテージ」がリリースされた。このラップバンドが自分たちの曲の中で「スリーストライプ」を叫んでから25周

年を記念したものだ。

2001年からは、山本耀司とのコラボレーション「Y-3コレクション」を通してハイファッションとの長期的関係も構築した。パートナーシップを結んで製品開発とマーケティングで協力することは、アディダスが来るべき業界の変化に適応するためにおおいに役立った。

2003年には、ニューヨークのアーティスト集団「Alife (エーライフ)」とのコラボで、「トップテン」の限定版を出した。このローカットモデルは前作『スニーカー』でも、オリジナルのトップテンのページで備考として取り上げている。しかし、当時の私たちは、このモデルが現在まで続くアディダスの大量のコラボレーション商品の先駆けになるとは想像していなかった。

アディダスはコア商品から派生した、既成概念を打ち破るようなスニーカーモデルを次々と送り出している。「パフォーマンス」ラインは、最新テクノロジーを取り入れ、アスリートの動きを強化するようなシューズを作っている。「オリジナルス」ラインからは、アディダスを代表するクラシックモデルが新しい解釈で再リリースされ、再び人々を夢中にさせている。これらの商品はしばしばクラス別にリリースされる。最上級カテゴリーの「コンソーシアム」は、創造性の発揮と追求を目指したラインで、このブランドのコラボ企画の最先端を走っている。最近のコンソーシアム「Bサイド」は、とくにコレクターの注目度が高い。カジュアルウェア「SLVR (シルバー)」を含む「スタイル」ラインの人気は言うまでもない。

この10年の間に、アディダスはさまざまなアーティストや他業界の重要人物とのコラボで、驚くほど多様なスニーカーを生み出してきた。ジェレミー・スコット (pp.42-43) のような影響力あるファッションデザイナーとのコレクションもあれば、アンディフィーテッド (p12,21)、クルックドタンズ (p13, 27, 38)、フットパトロール (pp.22-23)、ア・ベイシング・エイプ (pp.20-21) のような業界のキープレイヤーと手を組んだものもある。「キャンパス」「スーパースター」「ZX」をはじめとするクラシックモデルは、何度もデザインを見直され、オリジナルに別の解釈を与えることを通して、人気を再燃させるともに目を引きつけて離さないモデルへと進化した。

ADIDAS TOP TEN x UNDEFEATED x ESTEVAN ORIOL '1979'

アディダス トップテン × アンディフィーテッド × エステヴァン・オリオール「1979」

トップテンを支える3本柱

1979年発売のバスケットシューズのクラシックモデル「トップテン」を称えるため、アディダスは老舗スニーカー専門店のUndefeated（アンディフィーテッド）にアプローチした。このカリフォルニアのスニーカー界の重鎮は、トップテンにふさわしい外観を与えるため、バスケットボールと同じ素材のホワイトのアッパー、金メッキのアクセント、プレミアムレザー、半透明のソールを取り入れた。

トップテンのエッセンスを表現するため、Undefeatedの創業者ジェームス・ボンドは写真家のエステヴァン・オリオールに声をかけ、路上バスケットをイメージした写真を配したビジュアルブックを制作した。

装丁されたハードカバー本は、スニーカーとともに底が木製の黒い大きなボックスに収められ、限定650ユニットが販売された。

シューズデータ

エディション
Undefeated×Estevan Oriol '1979'

発売年
2008年

オリジナル用途
バスケットボール

テクノロジー
ピボットポイント、ヘリンボーンソール、パッド入りアンクルカラー

付属品
写真&エッセイのビジュアルブック（エステヴァン・オリオール監修）、特製ボックス

ADIDAS SUPERSKATE x CROOKED TONGUES

アディダス スーパースケート × クルックドタンズ

クルックドのタイの伝統

　2007年、オンライン・スニーカー情報サイトを運営するCrooked Tongues（クルックドタンズ）の毎年恒例のバーベキュー大会がタイのバンコクで開かれた。このイベントを記念する一連のコラボレーション企画に、アディダスの「スーパースケート」も含まれていた。

　わずか300足限定で作られたこのモデルは、タイという土地柄を反映する細部のこだわりが特徴だ。

　シューズの持ち味を保ちつつ質感を強調するため、アッパーはパーフォレート加工したレザーとヌバックを組み合わせ、その上のスリーストライプにはラバー引きされた織地ではなく象皮風の合成皮革が使われている。

　赤いシルクのライニングと赤いスエードのアクセント、さらにはクルックドタンズのキャッチフレーズ「愛を示せ、知識を伝えろ」がタイ語で書かれたヒールテープで、個性を演出している。

　贅沢で実用的でもあるこの限定版は、特製のタイシルクの保存袋入りで販売された。

シューズデータ

エディション
Crooked Tongues

発売年
2007年

オリジナル用途
スケートボード

テクノロジー
サイドパネルのレイヤー補強、ヘリンボーンソール、トウガード

付属品
シルクの袋、替えひも

ADIDAS FORUM MID
ALL-STAR WEEKEND ARIZONA 2009

アディダス フォーラム ミッド オールスター ウィークエンド アリゾナ 2009

恵まれた少数のためのフォーラム

アリゾナで開かれた2009年のNBAオールスターゲームのために、アディダスはとっておきのフォーラムミッドをリリースした。オールスターの週末に訪れたVIPにだけ贈られたモデルだ。

メッシュ、3M、ホワイトのレザー、そしてアリゾナ砂漠をイメージした蛇革をアクセントに使っている。

西海岸向けにはホワイト／バーガンディが、東海岸向けにはホワイト／ネイビーが用意された。

シューズデータ

エディション
All-Star Weekend Arizona 2009

発売年
2009年

オリジナル用途
バスケットボール

テクノロジー
外付けヒールカウンター、一枚布のクロス型アンクルブレース、フック・アンド・ループ・アンクルストラップ、ピボットポイント、マルチディスク、デリンジャー ウェブ・ミッドソール

ADIDAS FORUM HI x FRANK THE BUTCHER 'CREST PACK'

アディダス フォーラム ハイ x フランク・ザ・ブッチャー「クレスト パック」

ブッチャーのブロック

　オリジナルのフォーラムは1984年の発売。それ以来、たびたび化粧直しがなされてきたが、ハイカット版は見落とされることが多かった。しかし、2011年にボストンを拠点に活動するデザイナーのフランク・ザ・ブッチャーがアディダス・ポートランドとチームを組み、オリジナルのDNAに忠実なハイカットを送り出したことで、このシューズは再び注目を浴びた。

　フランクは1990年代にフォーラムハイを履いていた地元のハスラーたちからインスピレーションを得て、新しいモデルにもオリジナルの贅沢な雰囲気を生かしたいと考えた。これは当時の市場では最も高価な、100ドルを超えるスニーカーでもあったのだ。

　フランクがデザインした3種類のフォーラムハイは、ヌバックのアッパー、アンクルとタンの上の金の刺繍の紋章が特徴だ。

　写真の「ブラック」はボイルストン・トレーディング限定版で、ほかに「レッド (鉛色)」(グレー) と「カーディナル」(レッド) が、アメリカ国内の選ばれたアディダス販売店に配られた。いずれもアメリカ国外では入手できなかった。

シューズデータ

エディション
Frank The Butcher

パック
'Crest Pack'

発売年
2011年

オリジナル用途
バスケットボール

テクノロジー
外付けヒールカウンター、一枚布のクロス型アンクルブレース、フック・アンド・ループ・アンクルストラップ、ピボットポイント、マルチディスク、デリンジャーウェブ・ミッドソール

ADIDAS SUPERSTAR
'35TH ANNIVERSARY' SERIES

アディダス スーパースター
「35周年アニバーサリー」シリーズ

シグネチャーモデルのための
特別なバースデー仕様

　スーパースターの発売35周年を祝うため、アディダスは2005年にこのクラシックモデルを34種類のデザインで再リリースした。それぞれが音楽やアート界のパートナーとのコラボレーションによる限定販売だ。初の「コンソーシアム」シリーズも主要ショップとの提携でデビューを果たした。

　コンソーシアムを最上級に、シリーズは5層に分かれる。写真はミリタリーイメージの「フットパトロール」版（下段左から2番目、300足）と、異彩を放つ「ユニオン」版（下段左端、400足）。2番目の「エクスプレッション」シリーズには、アーティストや写真家がスーパースターにそれぞれの才能を生かしてデザインしたもの。グラフィティアーティストのリー・キュノネスはシューズ全体に画像と詩を散りばめ（上段左、4000足）、ストリートウェア会社アッパー・プレイグラウンドのサム・フローレスとリッキー・パウエルは、バーベキューへの愛を表現した（下段右端、4000足）。

　「ミュージック」シリーズは、スーパースターと縁のある大物ミュージシャンのスタイルと歌詞を取り入れている。アンダーワールド／トマトは、カール・ハイドの歌詞を靴ひもにプリントした3Mのアッパーを考案した（中央、5000足）。ザ・ストーン・ローゼズの中心メンバーのイアン・ブラウンは、ワックスを塗ったレザーのアッパーでイギリスらしさにこだわった（上段右、5000足）。

シューズデータ	
パック	Superstar '35th Anniversary'
発売年	2005年
オリジナル用途	バスケットボール
テクノロジー	シェルトウ、ヘリンボーンソール

17

ADIDAS SUPERSTAR VINTAGE 'TOP SECRET'

アディダス スーパースター ヴィンテージ「トップシークレット」

スーパースターの原点に戻る

「スーパースター」35周年アニバーサリーシリーズ最後のモデルは、2005年4月1日の発売日まで秘密にされていた。

アディダス社内の職人たち——かつてアディ・ダスラーと一緒に働いていた人たち——が、この300足限定のヴィンテージ版を手がけた。特徴はプレミアムレザーのアッパーで、"トップシークレット（極秘）"のコンビネーションロック（数字合わせ）式ブリーフケースの中には、レザーの手入れ用のツールも入っている。

この特別パックはアディダスの友人と家族に贈られた非売品で、入手するには宝探しで勝ち取るしかなかった。

シューズデータ

エディション
'Top Secret'

パック
Superstar '35th Anniversa

発売年
2005年

オリジナル用途
バスケットボール

テクノロジー
シェルトウ、ヘリンボーンソー

付属品
革製ブリーフケース、真鍮製
靴べら、つや出し、靴用ブラシ
木製シューキーパー、革製ダグ
ほこり用クロス

ADIDAS SUPERSTAR 80s
x RUN-DMC
アディダス スーパースター 80s × Run-DMC

25年に及ぶDMCとのランニング

ミュージシャンとスポーツシューズメーカーの間の初のエンドースメント契約は、ある1曲がきっかけになった。Run-DMC（ラン・ディーエムシー）が1986年発売のアルバム『レイジング・ヘル』の中の1曲として書いた有名な「マイ・アディダス」だ。

そのシングルカット発売から25周年を記念して、アディダスはスーパースターの特別版を1986足限定でリリースした。この数は、このモデルの人気と商業的成功を呼び込んだレコードの発売年を表している。

Run-DMCの伝統に忠実に、特別版は1980年のオリジナルと同じプレミアムレザーのアッパーにブラック／ホワイトのカラーリングを採用した。これに、タンの上の「MY ADIDAS」のタグ、シューレースチップ、Run-DMCのロゴが入ったソックライナーと金のロープ型レースジュエルを加えている。

シューズデータ

エディション
Run-DMC '25th Anniversary'

発売年
2011年

オリジナル用途
バスケットボール

テクノロジー
シェルトウ、ヘリンボーンソール

付属品
別色の替えひも、レースジュエル、特製ボックス

ADIDAS SUPERSTAR 80s
'B-SIDES' x A BATHING APE

アディダス スーパースター 80s 「Bサイド」× ア・ベイシング・エイプ

もうひとつのエイプスター

2011年、「コンソーシアム」ラインから「Bサイド」のネーミングで特別コレクションがリリースされた。以前に発売された希少な「オリジナルス」モデルの外観を基にしたものだ。2種類のモデルそれぞれが「Aサイド」の先行モデルの際立った特徴を反映し、インスピレーションを引き出している。

最も期待されたのは断トツで「ア・ベイシング・エイプ・スーパースター 80s」だった。アディダスとア・ベイシング・エイプ (BAPE) の2003年のコラボレーション企画でリリースされた、今もコレクターの間で人気が高いモデルを引き継いだものだ。

細部へのこだわりとして、ヒールに有名な「BAPE」の顔が刻印され、それにミリタリーシェブロン(階級章に使われるV字型の3本線)が重ねられている(オリジナルではBAPEの顔のロゴにスリーストライプが斜めに重ねられていた)。また、サイドパネルにも「TREFLE EN CHEVRONS ET BAPE(シェブロンとベイプの結びつき)」の文字が、斜めにプリントされている。

シューズデータ

エディション
A Bathing Ape

パック
'B-Sides'

発売年
2011年

オリジナル用途
バスケットボール

テクノロジー
シェルトウ、
ヘリンボーンソール

ADIDAS CAMPUS 80s
x A BATHING APE x UNDEFEATED

アディダス キャンパス80s
× ア・ベイシング・エイプ × アンディフィーテッド

三つ巴で攻める

　ストリートレーベルのA Bathing Ape（ア・ベイシング・エイプ）とUndefeated（アンディフィーテッド）が、アディダスとの継続的パートナーシップを祝うためのリワークモデルとして選んだのが、キャンパス80sとZX5000だった。

　キャンパス80sのデザインは2種類で、控えめながら高級感のある仕上がりになった。一方はアッパーに黒のスエードを使い、タンとライニングとインソールにはカモフラージュ柄のヌバックを合わせた。サイドパネルとヒールタブに両ショップのブランド名が入っている。もう一方はオリーブ色のアッパーで、カモフラージュ柄は同様だがディテールに若干の違いがある。縁がぎざぎざのスリーストライプの代わりにパーフォレーション（穴飾り）を施し、タンのパッドの厚みをわずかに増した。

　ZX5000はヌバックのアッパー全体にカモフラージュ柄が使われている。その落ち着いた色合いとは対照的な、赤、白、青のスリーストライプが鮮やかだ。

シューズデータ
エディション
Consortium×BAPE×Undefeated
発売年
2013年
オリジナル用途
バスケットボール
テクノロジー
ヘリンボーンソール

ADIDAS CAMPUS 80s x FOOTPATROL

アディダス キャンパス 80s × フットパトロール

シューズデータ	
エディション	Footpatrol
発売年	2007年
オリジナル用途	バスケットボール
テクノロジー	ヘリンボーンソール
付属品	同色のヘッドバンドとリストバンド、特製ボックス

七変化のキャンパスが80sのルーツに戻る

2007年のアディダス「オリジナルス」とのコラボレーションで、Footpatrol（フットパトロール）は20年近くさまざまなデザインで送り出されてきた「キャンパス」を、80年代のオリジナルに忠実なシルエットで再リリースした。

オリジナルのすっきりしたシェイプをそのままに、伝統のカラーを贅沢な豚革スエードで作り直している。際立った特徴はスリーストライプで、カラーごとに異なる質感のフェイクスキンを使った。

コーディネート用ヘッドバンドとリストバンドつきで、NBAプレイヤーのカリム・アブドゥル=ジャバーに似た顔写真とサイン入りの箱に入っている。ただし、この箱を飾っている顔写真は、2007年当時のFootpatrolの店長ウェス・タイヤーマンのものだ。

2007年の第1弾はバーガンディ、グレー、イエローの3色。2011年の「Bサイド」プロジェクトでネイビーが加わった。

23

シューズデータ

エディション
'London Olympic'

発売年
2012年

オリジナル用途
ランニング

テクノロジー
プライムニット、
アディゼロ、トルション

付属品
折り紙式の特製ボックス、
保存袋

ADIDAS ADIZERO PRIMEKNIT 'LONDON OLYMPIC'
アディダス アディゼロ プライムニット「ロンドンオリンピック」

編み物は
お祖母ちゃんだけのものではない

　ナイキはアディダスが「フライニット」の特許を侵害しているとして訴訟を起こしたが、アディダスは「プライムニット」ラインの開発で新たな攻勢をしかけた。

　この革新的な軽量のランニングシューズはその第1弾で、2012年のロンドン五輪の開幕直前にリリースされた。画期的なデジタルニッティング技術でシームレスのアッパーを実現している。

　完全ドイツ製の「ロンドン五輪」版は、鮮やかな赤を採用。スリーストライプと細かい模様を白糸で織り込んだ。

　2012足の限定販売で、シリアルナンバーが箱に印刷され、タンの上にも刺繍されている。特製ボックスは折り紙式で開く凝ったつくりで、保存用の袋も入っている。

ADIDAS SLVR PRIMEKNIT CAMPUS
アディダス シルバー プライムニット キャンパス

ニットこそ新たなブラック

2013年、アディダスは「プライムニット」攻勢をさらに進め、このニッティング技術を「パフォーマンス」ラインだけでなく新たなファッションレーベル「SLVR (シルバー)」にも採用した。

このキャンパスは、シームレスのアッパーでシンプルなシルエットだが、黒と白の細かいストライプ柄のニットで質感を出している。考え抜かれたシルバーのディテールが全体に散りばめられ、斑点入りのシューレース、ニット製のタンのほか、タンの上にはSLVRのアクセサリーが縫いつけられている。

シリアルナンバー入りの限定300足が販売された。

シューズデータ

エディション
SLVR Primeknit

発売年
2013年

オリジナル用途
バスケットボール

テクノロジー
プライムニット

ADIDAS ADICOLOR LO Y1
x TWIST FOR HUF
アディダス アディカラー ローY1×ツイスト・フォー・ハフ

保釈保証人が
メディア論争を引き起こす

このモデルは、アーティストのTwist (ツイスト、本名バリー・マクジー) 作のイラストが問題となってリコールされた。中国系アメリカ人のマクジーが自作キャラクター "保釈保証人レイ・フォン" として描いた自画像が、丸刈り頭、豚鼻、出っ歯だったため、アジア系アメリカ人から人種差別だと非難され、メディアで否定的に取り上げられたのだ。

アッパー全体のピンストライプは刑務所の格子をイメージしたもので、インソールには当惑した表情の受刑者のイラストが描かれている。

限定1000足の販売で、二重になった箱には替えひも、レースジュエル、Twistのアートブックも入っていた。リコールのおかげでますます人気が高まった。

シューズデータ

エディション
Consortium-Twist for Huf

パック
adicolor Project-Yellow／Tier 1

発売年
2006年

オリジナル用途
トレーニングシューズ

テクノロジー
ギリーレーシング、ヘリンボーンソール、ピボットポイント

付属品
二重ボックス、レースジュエル2個、替えひも4対、ツイストのアートブック

ADIDAS 'OKTOBERFEST' & 'VIP' MÜNCHEN x CROOKED TONGUES

VIPのお持ち帰り用ミュンヘン

ドイツの毎年恒例のオクトーバーフェストを祝うため、アディダスはCrooked Tongues（クルックドタンズ）とともに、このビール祭りの開催地をイメージした、新たな解釈の2つの「ミュンヘン」をデザインした。

一方はオクトーバーフェストで人々が着る伝統民族衣装「レーダーホーゼン」をイメージしたカラーリング。柔らかいなめし革のアッパーは、トウボックスに空気穴を開けて通気をよくし、快適な履き心地にしている。わずか300足の限定生産だった。

アディダスの名工マーカス・ターラーが、第2のデザインを担当した。ターナーはギリー環（D型）アイレットでミュンヘンを高級アウトドアシューズに手直しし、トウボックス周りはダックブーツ風の外観に仕上げた。オクトーバーフェストをさらにイメージさせるのは、タンの下の方でさりげなく主張しているエーデルワイスの花の刺繍とバイエルンの紋章だ。150足の限定生産でCrooked Tonguesだけで販売された。

シューズデータ

エディション
Crooked Tongues×
Markus Thaler

パック
'Oktoberfest'

発売年
2008年

オリジナル用途
トレーニング

テクノロジー
PUソール、ピボットポイント、サクションカップソール、ギリーレーシング

付属品
プレッツェルとビアマグのハングタグ、コースター

シューズデータ

エディション
Neighborhood

パック
'Berlin'

発売年
2006年

オリジナル用途
トレーニング

テクノロジー
バルカナイズドソール

ADIDAS GAZELLE
'BERLIN' x NEIGHBORHOOD

アディダス ガッツレー
「ベルリン」× ネイバーフッド

ネイバーフッドが決勝点を決める

　日本のストリートウェアブランド「NEIGHBORHOOD（ネイバーフッド）」がアディダスとパートナーを組み、2006年のFIFAワールドカップを記念するガッツレー「ベルリン」をリリースした。名前は決勝戦が開催された都市からとった。

　白地に黒のアクセントのものと、その逆の色遣いの2種類がある。ネイバーフッドの髑髏と剣のモチーフがトウボックスにあしらわれている。

　イタリアとフランスの対戦になった大会の決勝日にリリースされた。

　両デザインとも数は少なく、ブラックは世界で200足、ホワイトは300足限定だった。

シューズデータ

エディション
Mita Sneakers

発売年
2012年

オリジナル用途
テニス

テクノロジー
バルカナイズドソール

ADIDAS ROD LAVER VINTAGE
x MITA SNEAKERS

アディダス ロッドレーバー ヴィンテージ × ミタスニーカーズ

部分の和を上回る出来

　東京のミタスニーカーズがアディダスを代表する3つのクラシックモデルへのオマージュとなるモデルをデザインした。「ロッドレーバー ヴィンテージ」のスリムなシルエットに、トレーニングシューズの「サンバ」とヒップホップ界で人気の「キャンパス」の一部要素を組み合わせたものだ。

　その結果が「キャンパス」を思わせるスエードのアッパーと、カルト的人気を博した「サンバ」に似たタンとアウトソールだった。スリーストライプの代わりにパーフォレーションを控えめに使い、全体にはロッドレーバーのミニマルな印象を残している。

　ミタスニーカーズのモチーフであるチェーンリンク（金網）がインソールに描かれるなど、細部にこだわった個性的なハイブリッドモデルだ。

二都物語

ロンドンのNo6とベルリンの姉妹店No74は、どちらもアディダスのプレミアムモデル、限定版、企画商品を展示するためのコンセプトストアだ。

2008年のNo74開店を記念して、アディダスは「トーナメント」シリーズの1つとして「スタンスミス ヴィンテージ」の特別版をリリースした。「トーナメント」シリーズは、アディダスの最もファンに人気のテニスモデルを、ウィンブルドン決勝に合わせて再デザインしたコレクションだ。

ベージュのキャンバス地のアッパー、レザーのライニングとフットベッドが特徴で、ヒールにはヌバックを使い、#74または#6のタグがついている。限定150足がこの2店だけで販売された。

ADIDAS STAN SMITH VINTAGE
x No74 x No6

アディダス スタンスミス ヴィンテージ × No74 × No6

シューズデータ

エディション
No74×No6

パック
'Tournament'

発売年
2008年

オリジナル用途
テニス

付属品
トーナメント版特製ボックス

ADIDAS ROD LAVER SUPER
x OKI-NI 'NILE CARP FISH'

アディダス ロッドレーバー スーパー
× オキニ「ナイルカープフィッシュ」

シューズデータ

エディション
oki-ni

パック
'Nile Carp Fish'

発売年
2005年

オリジナル用途
テニス

テクノロジー
デュアルデンシティ・
ポリウレタンソール

どこか怪しげ（フィッシー）

ロンドン拠点のオンラインセレクトショップ「oki-ni（オキニ）」とアディダスの初のコラボ商品として2005年にリリースされた。エキゾチックなデザインに挑戦し、エジプトのナイル産の本物の鯉の皮でアッパーを作った。

鯉の皮は染色して使い、写真のラスティオレンジとブラウンのほかに、ブルーとバーガンディレッドがある。自然素材の柔らかい皮は、ロッドレーバースーパー流にパッドを入れてライニングを施した。また、80年代のオリジナルに忠実に、デュアルデンシティ（2層構造）の軽量ポリウレタンソールを使っている。

oki-niとはその後も数多くのコラボ商品を送り出してきた。

ADIDAS ZX 500 x SHANIQWA JARVIS

アディダス ZX500 × シャニクワ・ジャーヴィス

シューズデータ

エディション
Shaniqwa Jarvis

パック
'Your Story'

発売年
2012年

オリジナル用途
ランニング

テクノロジー
TPUヒールカウンター、
デュアルデンシティ
EVAミッドソール、
ギリーレーシング

水しぶきを上げる

　ポートレート写真家のシャニクワ・ジャーヴィスは、ストリートウェアや文化的背景をテーマにした作品で有名だ。そのジャーヴィスが「ユア・ストーリー」コレクションのデザインを担当した。アディダスの「コンソーシアム」ラインから発表された、オリンピックをテーマにしたシリーズだ。ジャーヴィスの"波"のテーマは、地元の水泳プールに通っていた子ども時代の思い出を基にしている。

　ジャーヴィスはスエードとネオプレンという予想外の素材を組み合わせ、全体のカラーには水泳プールをイメージするブルーを使った。タンにも高度な技術を駆使したネオプレンを採用し、快適な履き心地にこだわっている。

　プールサイドというテーマは、彼女が通っていたプールの壁とタイルをイメージした茶色のヌバックのヒールタブにも表現され、先端だけ赤くした黄色いシューレースはレーンの仕切りを思わせる。

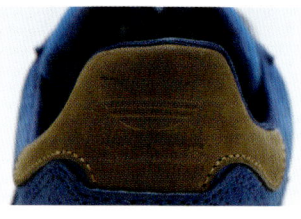

ADIDAS ZX 500 x QUOTE
アディダス ZX500 × クオート

クオートの主張

　「ユア・ストーリー」プロジェクトでは、過去のオリンピック開催都市からパートナーが選ばれた。ベルリンを代表したのは筋金入りのアディダスコレクターで鑑定家のダニエル・"クオート"・コクシュトだ。彼はベルリン五輪スタジアムの特徴的なブルーとグレーの内装をイメージしたZX500をデザインした。

　アッパーには編地のナイロンメッシュにベロアのトリムを合わせているが、オリジナルのZX500のようにトウボックスに目の粗い編地、サイドパネルに目の細かい編地を使うのではなく、2つを逆に使った。

シューズデータ

エディション
Quote

パック
'Your Story'

発売年
2012年

オリジナル用途
ランニング

テクノロジー
TPUヒールカウンター、デュアルデンシティEVAミッドソール、ギリーレーシング

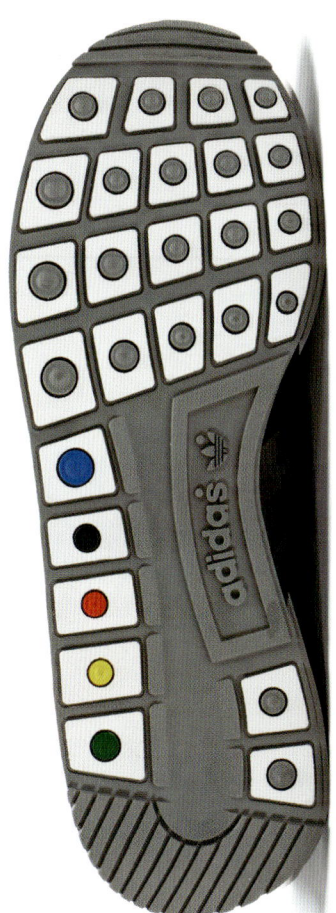

グラフィティ界の伝説のアーティストがクラシックをよみがえらせた

アディダス「EQT」はなかなかお目にかかれないが、つねにファンから愛されてきたランニングシューズだ。そのモデルが2007年にRMX（リミックス）とのコラボレーションでよみがえり、再びスポットライトを浴びた。

グラフィティをテーマにしたこのシリーズのため、アディダスは信頼できるルートをたどっ

ADIDAS RMX EQT SUPPORT RUNNER x IRAK

アディダス RMX EQT サポート ランナー × アイラック

てニューヨークのIRAK（アイラック）のクルーにアプローチし、この話題のシューズのリリースにこぎつけた。

めずらしく派手なクロスブランディングが理由で、製造中止寸前にまで追い込まれたといううわさもあるが、結果的には2007年と2008年のモデルが同じ日に——2007年12月27日にラインに乗った。

ニューヨークのAlife Rivington Club（エーライフ・リヴィントン・クラブ）とアムステルダムのPatta（パッタ）だけで限定販売された。

シューズデータ

エディション
IRAK（アイラック）

発売年
2007／2008年

オリジナル用途
ランニング

テクノロジー
トルション、
ソフトセル、
外付けヒール
カウンター

ADIDAS ZX 8000 x MITA SNEAKERS
アディダス ZX8000 × ミタスニーカーズ

クラシックにしておいて間違いはない

オリジナルのZX8000は1989年にアクア／ブルー／イエローの配色で発売され、スニーカー文化の発展を決定づける画期的なモデルになった。それ以来、さまざまなバージョンがリリースされてきたものの、見ればすぐにZX8000とわかる特徴は引き継がれた。

写真のモデルは1991年のEQT（エキップメント）のカラーを採用したもの。この配色は2010年に「コンソーシアム」ラインから発売された「トルション ZX8000」にはじめて使われ、あっという間に売り切れた。

このミタスニーカーズのバージョンでは、スエードとメッシュのアッパーの色遣いを逆にし、白のディテールを黒に、黒だった部分を白にして、タンは黒からグレーに変えた。

日本向け特別仕様（SMU）のモデルながら、世界中の特定の店舗でも入手できた。

シューズデータ

エディション
Mita Sneakers

発売年
2013年

オリジナル用途
ランニング

テクノロジー
トルション、ソフトセル、
外付けヒールカウンター、
ミッドソール、
ギリーレーシング

ADIDAS SUPERSTAR 1 x STAR WARS
'30TH ANNIVERSARY'

アディダス スーパースター1 × スター・ウォーズ「30周年アニバーサリー」

暗闇に光が差す

『スター・ウォーズ』30周年を祝うため、「スーパースター1」が2種類の新デザインでリリースされた。ヨーダをイメージした"ライトサイド"と、ダースベーダーをイメージした"ダークサイド"だ。

ヨーダ版は、マントをイメージしてアッパーにおもにヘンプ麻を、スリーストライプとヒールタブにレザーを使用。グリーンのアウトソールは肌の色をイメージしている。ダースベーダー版は、ヘルメットとよろいをイメージして、黒のキルトレザーとエナメル革を使った。

どちらも過去のスター・ウォーズのコレクターズグッズを思い出させる、スーパースターのロゴ入りプラスチックパッケージに収められている。

アディダス「コンソーシアム」ラインからの発売で、コンソーシアムを扱う店舗だけで販売された。

シューズデータ

エディション
Star Wars

パック
'30th Anniversary'

発売年
2007年

オリジナル用途
バスケットボール

テクノロジー
ヘリンボーンソール、シェルトウ

付属品
替えひも

ADIDAS SUPERSTAR 80s & ZX 8000 G-SNK x ATMOS

光り輝く爬虫類

アディダス スーパースター80s & ZX8000 G-SNK×アトモス

東京のスニーカーショップ「atmos（アトモス）」は2009年以降、5種類の「スーパースター80s」のコラボモデルを出してきた。

異なる配色のアッパーと、さまざまなスネークスキン柄（標準的なものからG-SNK素材のニシキヘビ柄まで）が特徴で、atmosは暗闇で光り輝くこの素材を定番として使い続けている。

販売数がごくわずかのデザインもあり、コレクターたちが必死に探し求めるモデルになった。

2011年には、伝説のZX8000の化粧直しにも取り組み、やはりG-SNK素材を加えた。

このシリーズはいずれもロンドンのNo6、ベルリンのNo74、東京のatmosの3店舗だけで限定販売された。

写真は2012年のスーパースターモデル。

シューズデータ

エディション
Atmos

発売年
2011／2012年

オリジナル用途
バスケットボール、ランニング

テクノロジー
ヘリンボーンソール、
シェルトウ、トルション、
ソフトセル、EVAミッドソール、
外付けヒールカウンダー、
ギリーレーシング

ADIDAS ORIGINALS ZX 9000
x CROOKED TONGUES

アディダス オリジナルス ZX9000
× クルックドタンズ

「T」はタンズのT

　ランニングシューズの「ZX」シリーズを使って26のコラボモデルを発表する「aZX」プロジェクトで、アルファベット26文字の「T」を代表したCrooked Tongues（クルックドタンズ）はZX9000を選んだ。

　カラーリングは、90年代半ばのZXシリーズに着想を得たイエロー／グレー／カーボン／ブラックの配色。念入りに選ばれたスエードとメッシュのコンビはオリジナルのZX9000を思い出させる。インソール、レースジュエル、ペーパーのパッケージング、替えひもといったディテールにこだわりが見られる。そのすべてにCrooked Tonguesに参加するマーク・ワードのアートワークが使われている。

　2008年にこのモデルを購入したファンは、運がよければ"おまけ付き"の箱に当たり、特製のゴールドの替えひもを手にした。当選者はアディダスのベテランデザイナー、ジャック・シャサンとマーカス・ターラーがこのプロジェクトを記念してデザインした特製のZX8000を受け取った。

シューズデータ

エディション
Crooked Tongues

パック
'aZX'

発売年
2008年

オリジナル用途
ランニング

テクノロジー
トルション、ソフトセル、外付けヒールカウンター、EVAミッドソール、ギリーレーシング

付属品
替えひも4対、aZXのハングタグ

ADIDAS ZX 8000 x JACQUES CHASSAING & MARKUS THALER
アディダス ZX8000 × ジャック・シャサン & マーカス・ターラー

最高の品質管理

ZXシリーズを称えるため、2008年と2009年に一連の「aZX」がリリースされた。このプロジェクトはアディダスの伝説のデザイナー、ジャック・シャサンとマーカス・ターラーがデザインを担当したZX8000でフィナーレを迎えた。

シャサンは30年以上にわたりアディダスを支えてきたデザイナーで、ZXラインの全モデルをはじめ、アディダスを代表する数々のモデルのデザインに携わってきた。

ターラーは70年代初めに、アディ・ダスラーのそばで靴作りのノウハウを学び、EQTやトルションバーを含む、アディダスの最も優れたテクノロジーのいくつかを開発した。

この伝説の2人が再びZX8000でペアを組んだことで、手作りの贅沢なプレミアムモデルが生まれた。とくにシューズの物理的構造に注意が払われている。

大きなアクリル製ボックスには、シューズの分解構造図が描かれ、パート別の特徴や機能が記されている。これこそ真のコレクターズアイテムで、生産数はわずか22足。プロジェクトに参加した「コンソーシアム」取扱店に1足ずつ配られた。

シューズデータ

エディション
Jacques Chassaing & Markus Thaler

パック
'aZX'

発売年
2009年

オリジナル用途
ランニング

テクノロジー
トルション、ソフトセル、EVAミッドソール、外付けヒールカウンター、ギリーレーシング

付属品
大きなアクリル製ボックス、ZA8000分解図、「aZX」のハングタグ

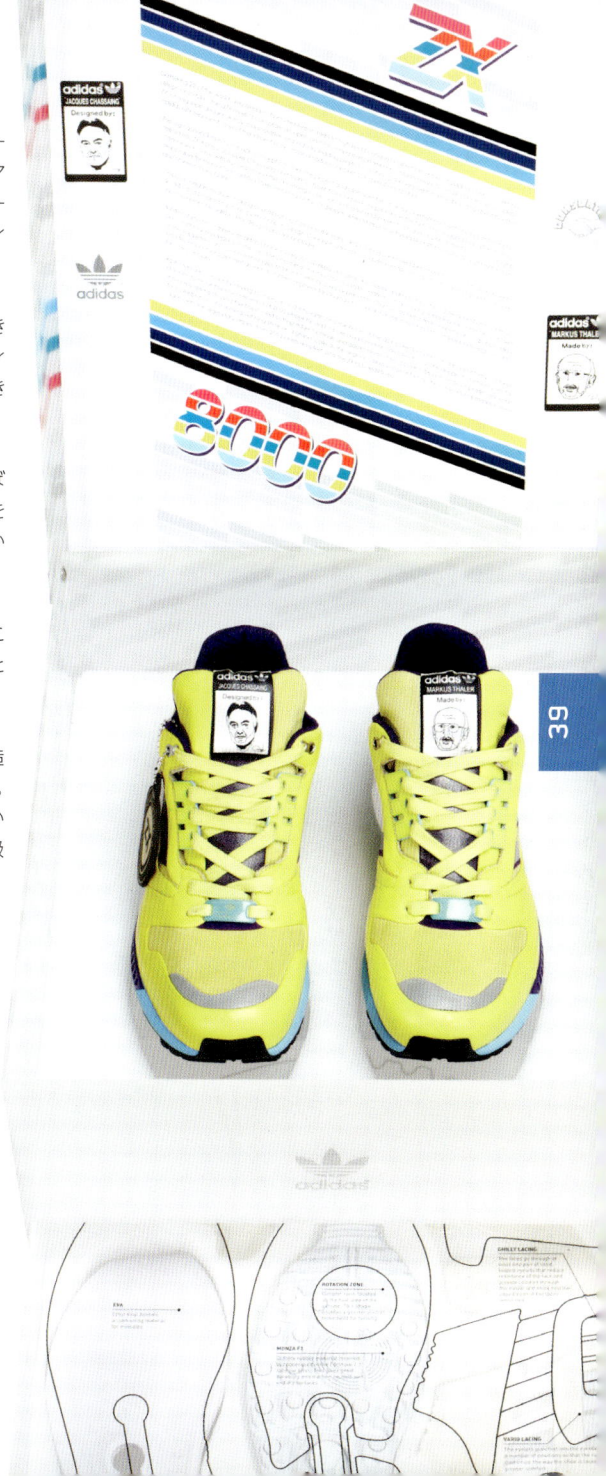

ADIDAS TRAINING 72 NG
x NOEL GALLAGHER
アディダス トレーニング72NG × ノエル・ギャラガー

これを履いて散策を

2011年10月、ミュージシャンのノエル・ギャラガーがアディダスとチームを組み、お気に入りの「トレーニング72」(以前は「オリンピア」と呼ばれていた) のリワークに参加した。彼のソロデビューアルバム『ハイ・フライング・バーズ』のリリースと合わせてシューズも発売された。

このデザインは、オリジナルのトレーニング72に敬意を表してブルーのスリーストライプを採用するほか、タンには「ノエル・ギャラガーによるエンドース (Endorsed by Noel Gallagher)」のブランディングがなされ、ミッドソールにブラウンラバーを使っていることも特徴だ。

わずか200足がロンドンのNo6とベルリンのNo74だけで販売された。

40

シューズデータ
エディション
Training 72NG
発売年
2011年
オリジナル用途
トレーニング
テクノロジー
ヘリンボーンソール、
バルカナイズドソール
付属品
ノエル・ギャラガー仕様の包装紙

ADIDAS IMMOTILE x BROOKLYN MACHINE WORKS

アディダス インモタイル
× ブルックリン・マシーン・ワークス

サイクリングシューズの伝統に新しさを添えて

ここ数年の固定ギア自転車の爆発的人気のため、増加するサイクリング愛好者に向けたキラーモデルや手直しを加えたモデルがデザインされた。2010年に「コンソーシアム」ラインから発表されたこのモデルは、ニューヨークの自転車メーカー「Brooklyn Machine Works（ブルックリン・マシーン・ワークス）」とのコラボレーションで生まれた。

「インモタイル」のシルエットとカラーは、「オリジナルス」の画期的モデル「エディメルクス」にインスパイアされたものだ。このバージョンも控えめなデザインだが、オリジナルのポピー／シルバー／アクアのカラーリングに新鮮さを加えている。

メッシュとレザーを組み合わせたアッパーは耐久性と通気性が抜群で、タン自体に開けたひも穴を通るレーシングでフィット感を高めている。タンの上には、Brooklyn Machine Worksのロゴが刺繍されている。

このコラボモデルは黒にブルーをあしらった未発売のサンプルも作られている。

41

シューズデータ

エディション
Brooklyn Machine Works

発売年
2010年

オリジナル用途
サイクリング

テクノロジー
サクションカップ、ピボットポイント

付属品
替えひも

ADIDAS JS BEAR x JEREMY SCOTT

アディダス JS ベア × ジェレミー・スコット

手触り最高：ジェレミーのおかしな動物たち

以前にも何度かアディダス製品に携わったことがあるジェレミー・スコットが、2010年に「ObyO」（オリジナルス・バイ・オリジナルス）ラインに参加する機会を得た。これはUndefeated（アンディフィーテッド）のジェームス・ボンドやカズキ・クライシのようなデザイナーやブランドが手掛ける最高ランクのコレクションだ。

スコットのデザインは、「メトロアティチュード」のシルエットに彼らしい独創的なひねりを加えている。フェイクファーのボディにテディベアの頭を取りつけ、トップアイレットの横に腕までつけている。最初はピンクとブラウンの2色だったが、数年後にマルチカラー版とカモフラージュ版も加わった。

テディベアモデルが人気だったことでジェレミー・スコットの動物シリーズが生まれ、パンダ、ヒョウ、ゴリラ、プードルも作られた。

スコットのObyOコレクションの多くは今も人気が高く、とくにテディは現在、もとの小売価格の3倍もの値で売買されている。

42

シューズデータ

エディション
Teddy Bear

パック
'ObyO Jeremy Scott'

発売年
2010年

オリジナル用途
バスケットボール

テクノロジー
デリンジャーウェブ・ミッドソール

ADIDAS JS WINGS
x JEREMY SCOTT

アディダス JS ウイングス × ジェレミー・スコット

ジェレミー大興奮の作品

　前衛的なファッションデザイナーのジェレミー・スコットは、「ObyO」シリーズの大胆な作品の1つとして、羽根つきの「アティチュードハイ」のレインボーカラー版を2010年春夏コレクションの一部に加えた。

　多くのファンがスコットの「レインボー」と呼んだこのクラシックモデルは、光沢のあるアッパー素材、マルチカラーのアイレット、それと合わせたシューレースと黒のソールユニットですぐさま注目を浴びた。

　これまでリリースされた「JSウイングス」の中でも、とくにコレクターが探し求めているモデルだ。

シューズデータ

エディション
'Rainbow'

パック
'ObyO Jeremy Scott'

発売年
2010年

オリジナル用途
バスケットボール

テクノロジー
デリンジャーウェブ・ミッドソール

43

ADIDAS SAMBA x LIONEL MESSI

アディダス サンバ × リオネル・メッシ

アルゼンチンの誇り

「レガシー・オブ・クラフツマンシップ (Legacy of Craftsmanship、職人技の遺産)」シリーズは、アディダスのブランド大使たちにプライベートな時間を楽しんでもらうため、特注の「オリジナルス」としてデザインされたものだ。サッカー界のスターであるリオネル・メッシのためには、アディダスの熟練の職人マーカス・ターラーと若手デザイナーのヴィンセント・エチェヴェリーが、メッシ本人のアイデアも取り入れ、アルゼンチンをテーマにすっきりしたラインの「サンバ」を完成させた。

レーザーで正確にカットされたレザーパネルを苦労してアッパーに糊付けし、そのぶんステッチラインの数を減らした。アルゼンチンの国旗がインソールに縫い込まれ、アッパーのサイドには「MESSI」の名前もプリントされている。

5足だけが作られ、すべてメッシに贈られた。

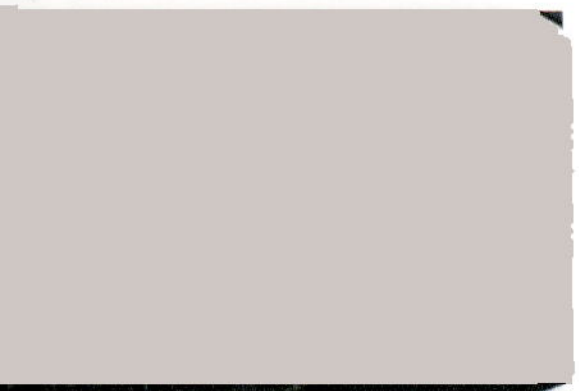

ADIDAS PRO SHELL x SNOOP DOGG 'SNOOPERSTAR'

アディダス プロ シェル ×
スヌープ・ドッグ 「スヌーパースター」

シューズデータ

エディション
Snoop Dog

パック
'Legacy of Craftsmanship'

発売年
2012年

オリジナル用途
バスケットボール

テクノロジー
フック・アンド・ループ・
アンクルストラップ、
シェルトウ、
ヘリンボーンソール

シューズデータ

エディション
Lionel Messi

パック
'Legacy of Craftsmanship'

発売年
2012年

オリジナル用途
屋内サッカートレーニング

テクノロジー
ピボットポイント、
サクションカップ、
レーザーカットパネル

灰の中からよみがえる

　長くアディダスのブランド大使を務めてきたスヌープ・ドッグから、特注の「スヌーパースター」をリクエストされたアディダスは、この大物ラッパー個人のためにミッドカットの「プロシェル」をデザインした。「スーパースター」と「プロ」モデルのハイブリッド版だ。

　デザイナーのジョシュ・ハーは伝説の職人マーカス・ターラーとペアを組み、マーカスの伝統的な靴作りのスキルをこのデザインに取り入れた。アッパーに通常のレザーではなく未処理のキャンバス地を使っているところにラスタファリ運動（*訳注：ジャマイカの農民や労働者層を中心に生まれたアフリカ回帰の思想的社会運動）の影響が見られる。ヒールカウンターの3Dの刺繍は飛翔するフェニックスの翼をイメージしている。

　スヌープ・ドッグのサインがミッドソールにエッチングされ、インソールのラベルには「Made in France」とともに「Snooperstar」の文字が入っている。

ASICS

アシックス

鬼塚喜八郎が日本でオニツカタイガーを設立したのは1949年。1977年にアシックスとなり、各種スポーツ用のシューズと用具を作り続けてきた。最近は、アシックスブランドは競技用シューズを主軸にし、オニツカタイガーはおもにライフスタイル市場をターゲットにしたブランドとして使い分けられている。

アシックスの社名は「健康な体に健康な魂」を意味するラテン語（anima sana in corpore sano）の頭文字をとったもの。この企業が長年、基本理念として掲げてきたモットーだ。

運動シューズの主力商品はランニングとジョギング用としてデザインされ、ライフスタイル市場向けに手直ししたときに最も注意を引くシルエットが採用されている。

「ゲルライト」やカルト的人気を博した「ゲルサガ」は、最近になって特別版が次々とリリースされ、このブランドが今も世界のスニーカー文化の最前線を走っていることを証明するモデルとなった。コラボ企画でこれらのモデルを自分なりに解釈してデザインしたいと考えるパートナーが列を成し、たいていは際立った結果を残し、高評価を得てきた。

初期のコラボ商品として「ゲルライト」を手掛けた「Patta（パッタ）」(p.59) から、最近では発売直後に売り切れになったロニー・フィーグ (p.49-51) のデザインまで、アシックスは限定版やコラボ企画への周到なアプローチで、世界中のスニーカーファンの認知を再び高めることに成功した。

ONITSUKA TIGER FABRE BL-L
'PANDA' x MITA SNEAKERS

オニツカタイガー ファブレBL-L「パンダ」× ミタスニーカーズ

パンダの黒白の顔でキック

　2013年、オニツカタイガーと東京のミタスニーカーズが、ブランドを代表する「ファブレBL-L」に新たな顔を与えた。

　このモデルは1975年発売のバスケットクラシックを基にしたもので (ファブレの名前はバスケットボールの"速攻"を意味するファストブレイクからきている)、革新的なスリット入りのアウトソールが特徴だ。このカットソールは70年代にオニツカタイガーの登録商標となった。アウトソールの端から端まで走る3本の長いスリット (溝) が横方向の動きを改善する。

　黒と白の配色で素材にはスエードとアクリルファーを組み合わせたデザインは、東京の上野動物園にいるパンダのリーリーとシンシンをイメージしたもの。ミタスニーカーズの金網のモチーフがインソールにプリントされている。

シューズデータ

エディション
Mita Sneakers 'Panda'

発売年
2013年

オリジナル用途
バスケットボール

テクノロジー
スティッキーソール

付属品
白の替えひも

ASICS GEL-LYTE III
'SELVEDGE DENIM' x RONNIE FIEG
アシックス ゲルライトIII「セルヴェッジデニム」× ロニー・フィーグ

アメリカのクラシックデニム

ロニー・フィーグが自身の手掛けるニューヨークのスニーカーショップ「KITH (キス)」の開店1周年を、愛着あるアシックスとのコラボで祝うのは自然な流れだった。

ソーホーにあるKITHのフラグシップ店──1950年のれんが、100年前の木材とアメリカの鋼鉄で建てられている──からインスピレーションを得て、セルヴェッジデニムのアッパーを採用。このショップが受け継いだ遺産の耐久性と頑丈さを表現している。

アメリカというテーマを完成させるため、"タイガーストライプ"には白のレザーに赤のトリミングを合わせ、星条旗をイメージさせた。

「セルヴェッジデニム・ゲルライトIII」は、KITHの実店舗とオンラインストアだけで販売された。

シューズデータ

エディション
'Selvedge Denim'

パック
'Ronnie Fieg'

発売年
2012年

オリジナル用途
ランニング

テクノロジー
GELクッショニングシステム、スプリットタン

ASICS GEL-SAGA II
'MAZARINE BLUE' x RONNIE FIEG

バタフライ・エフェクト

　ロニー・フィーグとアシックスのパートナーシップは、フィーグが15歳で働き始めたニューヨークのショップ「David Z」の時代までさかのぼる。彼はこの日本のブランドと数多くのコラボ商品を生み出した。

　「マザリンブルー」という名の鮮やかな蝶の色からインスピレーションを得たこのモデルは、トウボックスとサイドパネルにパーフォレート加工を施したヌバックのアッパーを採用。トップアイレット、ライニング、ミッドソールを黒にしてコントラストを加えている。

　300足の限定生産で、KITHの2つの店舗で90足ずつを販売。コーディネート商品としてカナダ製のフリースのレターマンジャケットも作られた。残りはASICSの限定店舗に配られた。

シューズデータ

エディション
'Mazarine Blue'

パック
'Ronnie Fieg'

発売年
2011年

オリジナル用途
ランニング

テクノロジー
GELクッショニングシステム

ASICS GT-II 'SUPER RED 2.0' x RONNIE FIEG

アシックス GT-II「スーパーレッド 2.0」× ロニー・フィーグ

シューズデータ

エディション
'Super Red 2.0'

パック
'Ronnie Fieg'

発売年
2012年

オリジナル用途
ランニング

テクノロジー
GELクッショニングシステム

ロニー・フィーグのレッド

　この2012年のモデルは、2010年にニューヨークのショップ「David Z」で販売されたロニー・フィーグの「スーパーレッド」ゲルライトIIIのアップデート版だ。

　このバージョンのため、フィーグはGT-IIの豚革スエードのアッパー全体に「スーパーレッド」のカラーリングを使い、アクセントとしてタイガーストライプのトリミングとツートーンのソールユニットにグレーを使った。

　KITH実店舗とオンラインストアだけでの限定販売で、販売開始直後に売り切れた。

ASICS GT-II
'OLYMPIC TEAM NETHERLANDS'
アシックス GT-II「オリンピック チームネーデルラント」

ダッチで行こう

　2012年のロンドン五輪では、どのブランドも各国を象徴するモデルを作りたいと考えた。オランダチームのスポンサーとして、アシックスがこの大会用に選んだモデルがGT-IIだった。オランダチームの選手たちは開会式と閉会式でこのスニーカーを履き、代表チームの公式シューズになった。

　オランダのシンボルカラーのオレンジに合わせ、スエードとナイロンのアッパーはオレンジを基調に、ストライプ部分は白のレザーに3Mトリム、トウボックスは白のナイロン、レースステイとヒールタブには白の合成スエードを使った。

　その他の特徴にはレースアグレットの「2012」の文字、ソールとトップアイレット2つのオランダ国旗のカラー、ゴールドのレース、ゴールドのタンラベルのブランディングとヒールタブの文字、インソールの「Nederland」のプリントがある。

　発売1週間前にはアムステルダムのショップ「SEVENTYFIVE (セブンティファイブ)」で特製オリンピックバッグ入りの75足が先行販売され、その後、世界中のアシックス提携ショップのうち限定店舗で販売された。

シューズデータ

エディション
'Olympic Team Netherlands'

発売年
2012年

オリジナル用途
ランニング

テクノロジー
GELクッショニングシステム

ASICS GEL-LYTE III x HANON 'WILDCATS'
アシックス ゲルライトIII × ハノン「ワイルドキャッツ」

ゴォオオオオオ　ワイルドキャッツ！

2011年、アバディーンのHanon Shop（ハノンショップ）がアシックスとチームを組み、クラシックモデル「ゲルライトIII」の特別バージョンを手掛けた。

地元のランニングクラブ「ザ・ワイルドキャッツ」からインスピレーションを得て、通常より贅沢な素材を選び、パーフォレート加工したスエードと編地のカラーライニングのアッパーにはマスタードイエローとバーガンディという配色を採用した。3Mのストライプの上にはHanonの「Keeps on Burning（情熱を絶やすな）」のロゴがあしらわれ、タンラベルとヒール、インソールにもデュアルブランディングが見られる。

先着50人の購入者にはデュアルブランディングの特注バッグがプレゼントされ、それ以外のHanon Shopで販売されるペアには、透かしロゴの入ったダストバッグが付いてきた。

「ワイルドキャッツ」はイギリスのHanonと、世界の少数の限定ショップだけで販売された。

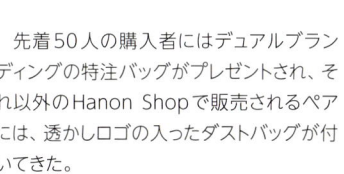

シューズデータ

エディション
'Wildcats'

パック
'Hanon'

発売年
2011年

オリジナル用途
ランニング

テクノロジー
GELクッショニングシステム、スプリットタン

付属品
ダストバッグ

ASICS GEL-LYTE III
x ALIFE RIVINGTON CLUB

アシックス ゲルライトIII × エーライフ リヴィントンクラブ

リヴィントンを大いに楽しむ

2008年の夏には、ニューヨークのスニーカーショップ「Alife Rivington Club（エーライフ・リヴィントンクラブ）」と何であれ結びつけることが、成功間違いなしの戦略になった。多くのブランドがAlifeとパートナーシップを結び、ロワーイーストサイドにあるこのショップまでやってくる客たちにさまざまなコラボ商品を提供した。

ツインパックでリリースされたこのモデルは、カラーとディテールの組み合わせを効果的に使った。従来のコラボ商品で採用されていたプリントのロゴの代わりに外付けのヒールラベルで風格を出し、素材にはナイロンとスエードを使い、カレー／ホワイト／ブルーのアッパーが高級感を加えている。チャコールグレー版も同時に発売された。

2008年夏にリリースされると、実店舗でもオンラインストアでもあっという間に完売した。

シューズデータ
エディション
Alife Rivington Club
発売年
2008年
オリジナル用途
ランニング
テクノロジー
GELクッショニングシステム

ASICS GEL-LYTE III
x SLAM JAM
'5TH DIMENSION'

アシックス ゲルライトIII ×
スラムジャム「フィフスディメンション」

アシックスからフィフスディメンションへ

ミラノのブティック「Slam Jam (スラムジャム)」が2010年にアシックスの人気ランニングシューズのリワークに取り組み、カラーをシンプルにしつつ複雑な質感を出すためにメッシュ素材を採用した。

ライトグレーからダークグレーのグラデーションに鮮やかな赤を合わせ、明るいブルーをアクセントに加えている。ミッドソールは外側が赤から白へ、内側が黒から白へのグラデーションだ。

「フィフスディメンション (5th Dimention)」は、時間軸の異なる別次元の世界があり、そこでの人生の選択は異なる結果をもたらすという理論を表している。

96足限定の特別パッケージには同色のソックスと、レコード付きの保存袋が付き、Slam Jam店舗だけで販売された。通常版276足は世界中のアシックス提携ショップに配分された。

シューズデータ

エディション
'5th Dimension'

パック
'Slam Jam'

発売年
2010年

オリジナル用途
ランニング

テクノロジー
GELクッショニングシステム、
スプリットタン

付属品
替えひも、7インチレコード、
保存袋、ソックス

55

ASICS GT-II x SNS 'SEVENTH SEAL'
アシックス GT-II × SNS「セブンスシール」

チェックメイト

2011年のGT-IIでのコラボに続き、2012年に再びスウェーデンのショップ「Sneakersnstuff（スニーカーズ・アン・スタッフ）」がGT-IIのモデルチェンジに招かれた。今回与えられたテーマはチェスボードだ。

1957年のイングマール・ベルイマン監督の映画『第七の封印』（セブンスシール）にインスピレーションを得た。中世の騎士と死神とのチェスの勝負を通して神の存在を問いかける内容だ。

デザインは黒の上質ヌバックのアッパー、インソールとヒールのチェスの駒、市松模様のライニング、内側と外側で白黒を逆転させた3Mのタイガーストライプという構成。

世界同時販売が予定されていたが、製造ミスのために一部のシューズで白のはずのチェスの駒がブルーになってしまい、一般販売はSneakersnstuffの実店舗とオンラインストアで販売された158足だけになった。

シューズデータ

エディション
'Seventh Seal'

パック
'SNS'

発売年
2012年

オリジナル用途
ランニング

テクノロジー
GELクッショニングシステム

ASICS GT-II PROPER

アシックス GT-II プロパー

ロングビーチをランニング

2004年当時、フットウェアブランドとのコラボレーションはまだ比較的新しいコンセプトで、パートナー候補に提供されるシューズの選択肢は少なかった。

アシックスのような専門ブランドとの提携は、フットウェアブティック「PROPER（プロパー）」にとっては夢のような機会だった。アシックスの拠点はカリフォルニア州ロングビーチのPROPERの店舗のすぐ近くだったため、両ブランドのパートナーシップは揺るぎないものに発展した。

ランニングクラシックの「GT-II」は、このコラボ企画にぴったりの選択だった。シルエットはすっきりしていて、構成しているパネルの数が多いため創造性を存分に発揮できるからだ。このエディションでは濃い色のリップストップ素材に、オリーブグリーンのスエードとナイロンが組み合わされ、明るいオレンジのアクセントが高級感を出している。アシックスのストライプには黒が使われた。

150足の限定生産で、ロングビーチのPROPERの店舗だけで販売された。

シューズデータ

エディション
PROPER

発売年
2004年

オリジナル用途
ランニング

テクノロジー
GELクッショニングシステム

57

ASICS GEL-SAGA II x **FOOTPATROL**

シューズデータ

エディション
Footpatrol

発売年
2012年

オリジナル用途
ランニング

テクノロジー
GELクッションシステム

付属品
替えひも、ダストバッグ、木製ボックス

アシックス ゲルサガII × フットパトロール

ロンドンのサガ

2012年の「ゲルサガII」のリワークで、ロンドンのスニーカーショップ「Footpatrol」とのコラボを選んだ。

インスピレーションはFootpatrolならではの天然素材から。ラテラルサイドのロゴストライプに3Mの反射素材を使い、ヒールカウンターとソックライナーも非対称にしている。上質スエードのキャメルカラーのアッパーにブルーのアクセントがよく映える。

当初はFootpatrolのソーホー店だけで、替えひも2対と特製ダストバッグ付きで販売。先着100名は、シリアルナンバー入りの木製ボックス入り。

パッタとのコラボ第1弾

アシックスとの最初のコラボレーションで、オランダのスニーカーショップ「Patta（パッタ）」はできるだけ記憶に残るシューズを作りたいと考えた。

アムステルダム市の紋章をイメージした赤、白、黒と、Pattaのイメージカラーのグリーンでそれぞれのパネルを彩っている。紋章に描かれている斜め十字がレザーのライニングに使われ、ミスマッチのインソールと斑模様のソールユニットが個性的だ。アッパーはレザー、パーフォレート加工のレザー、スエードと3Mという異なる素材が盛りだくさんに使われている。

250足の限定生産で同色のバックパック付き。このコラボレーションを記念して、Tシャツのカプセルコレクション、キャップ帽と記念ジャケットも作られた。

シューズデータ

エディション
Patta

発売年
2007年

オリジナル用途
ランニング

テクノロジー
GELクッショニングシステム

付属品
バックパック

ASICS GEL-LYTE III x PATTA
アシックス ゲルライトIII × パッタ

CONVERSE

コンバース

コンバース「チャックテイラー」の不滅のシルエットは、現在世界中で最もよく知られるシューズデザインのひとつで、さまざまなサブカルチャーに取り入れられてきた。音楽、ストリートファッション、アーバンカルチャーとの長きにわたる結びつきはもちろんだが、今では世界中の大勢の人たちの日常の必需品になった。

すでにクラシックとなった「チャックテイラー」のほかにも、コンバースのアーカイブにはスニーカー文化の一時代を築いた影響力の大きいモデルが数多く存在する。「プロレザー」と「ワンスター」はリリースされてすぐに注目を浴びた本格派モデルで、今でも多くのスニーカーファンが欲しいシューズリストの上位に挙げる名品だ。

「チャックテイラー」の幅広のアッパーと、コンバース全体に共通するシンプルさは、コラボレーションには理想的

なキャンバスを提供する。コンバースは数多くの冒険的なコラボレーション企画に取り組み、とくに上級ラインの「ファーストストリング」から限定数でリリースする高品質モデルで成功してきた。

ロンドンのFootpatrol（フットパトロール）（p.68）、アムステルダムのPatta（パッタ）（p.69）、東京のミタスニーカーズ（p.65）は、いずれもスニーカーに関しては膨大な知識を持つショップで、コンバースのスニーカーに新しい解釈を与えた。しかし、このブランドが新たな方向性の開拓に意欲的に取り組んでいることが本当にわかるのは、これまでとは異なる分野のパートナーとのコラボで送り出してきた斬新なデザインだ。イタリアのMissoni（ミッソーニ）とのコラボ（p.72）でハイファッション分野に進出し、フリースとファインコットンで知られるカナダのReigning Champ（レイニングチャンプ）（p.73）とも提携した。

また、(Product) Red（プロダクトレッド）（p.64）のためのキャンペーン──エイズ研究の寄付金集めを目的とする慈善企画──では、ブランドとしての創造性の追求とともに、社会的責任を果たそうという意欲も見せている。

CONVERSE CHUCK TAYLOR ALL STAR
'CLEAN CRAFTED' x OFFSPRING

コンバース チャックテイラー オールスター
「クリーンクラフテッド」×オフスプリング

注文仕立てのチャックテイラー

バスケットシューズの名作「チャックテイラー」の時代を超えたシルエットは、あらゆるカラーや素材を使って化粧直しされてきた。しかし、イギリスのショップ「Offspring (オフスプリング)」が手掛けた限定版「クリーンクラフテッド」はこのモデルの可能性をさらに押し広げた。

通常はラバーを使うトウボックスを含め、アッパー全体にプレミアムレザーを使い、シューレースにもレザーを使うことで、高級感を実現している。また、すべてのモデルはタンの内側に「Offspring」のマスコットが型押しされている。

限定150足がOffspringで店舗販売された。

シューズデータ

エディション
Offspring

パック
'Clean Crafted'

発売年
2010年

オリジナル用途
バスケットボール

テクノロジー
トウガード、
バルカナイズドソール

63

CONVERSE (PRODUCT)RED
CHUCK TAYLOR ALL STAR HI

コンバース (プロダクト) レッド チャックテイラー オールスターハイ

チャリティ向けモデル

　発売からほぼ100年になる「オールスター」は、見ればすぐにそれとわかる本物のクラシックだ。2009年、オールスターハイの特別版が「(Product) Red (プロダクトレッド)」キャンペーン用に作られた。この企画のために特注のグッズも作り、利益の1パーセントをアフリカの「エイズと闘うためのグローバル基金」に寄付している。

　この特別版はライダースジャケットをイメージしたもので、真っ赤なアッパーは従来とは違って多くのパネルに分け、トゥボックスを含め、すべてに柔らかいレザーを使っている。

　ジップ、スナップ、キルトのライニングがバイカーのイメージをさらに強調している。

シューズデータ

エディション
(Product) Red

発売年
2009年

オリジナル用途
バスケットボール

テクノロジー
トゥガード、
バルカナイズドソール

付属品
トートバッグ

CONVERSE CHUCK TAYLOR ALL STAR TYO CUSTOM MADE HI x MITA SNEAKERS

コンバース チャックテイラー オールスター TYOカスタムメイドハイ × ミタスニーカーズ

雨の中でサイクリング

　東京のミタスニーカーズがコンバースとチームを組み、クラシックモデルの「チャックテイラー」にハイテクを取り入れ現代感覚のデザインに仕上げた。防水加工されたカモフラージュ柄のアッパーが特徴で、白の防水サイドジップでさらなる変更を加えた。

　ライナーには暖かいシンサレート素材を使い、特注のソックライナーが快適さを高める。東京のライフスタイルを念頭に入れ、トウカップは丈夫なラバーで補強し、サイクリング用に履いたときの耐久性を高めた。

　カモ狩りをイメージした大胆なカモフラージュ柄に金属製アイレットを合わせ、シューレースの色合いもマッチさせている。インソールには「Tokyo Custom Made (トウキョウカスタムメイド)」の文字とミタスニーカーズのモチーフであるチェーンリンク (金網) がプリントされている。

シューズデータ

エディション
Mita Sneakers

発売年
2012年

オリジナル用途
バスケットボール

テクノロジー
トウガード、
バルカナイズドソール、
シンサレート、
ベローズ

CONVERSE PRO LEATHER MID & OX x BODEGA

コンバース プロレザーミッド & オックス × ボデガ

どうしても欲しいボデガ

「プロレザー」のそれまでのイメージが、2012年にくつがえされた。コンバースが最上位ライン「ファーストストリング」コレクションのため、コンセプトブランド6社を迎えて、このシンプルなモデルのリワークに取り組んだのだ。Stüssy（ステューシー）、CLOT（クロット）、Patta（パッタ）、ボストンのBodega（ボデガ）などが参加して、個性的なデザインを編み出した。

Bodegaはこのコラボレーションでそれまでの常識を破り、めずらしいファブリックや馬の毛などを使い、バスケットボールシューズにハイファッションの風格を取り入れた。全体のカラーをタンにして、アクセントに黒を使うことで、大胆な素材のアッパーに落ち着きを与え、高級感を出している。

「オックス」は「プロ」とは反対に、黒のプレミアムレザーのアッパーにフェイクの馬の毛のアクセントを加えた。このパッケージは「ライド・オア・ダイ（乗るか死ぬか）」の愛称を与えられ、コンバースの「ファーストストリング」を扱う店舗で販売された。

シューズデータ

エディション
First String

パック
'Bodega "Ride or Die"'

発売年
2012年

オリジナル用途
バスケットボール

テクノロジー
パッド入りアンクルサポート

付属品
トートバッグ、替えひも

CONVERSE PRO LEATHER MID
x STÜSSY NEW YORK

コンバース プロレザーミッド×ステューシー ニューヨーク

オールアメリカンのコラボ

　ストリートウェアレーベルのStüssy（ステューシー）は、「プロレザー」プロジェクトに招かれたとき、このクラシックモデルをオールアメリカンで表現したいと考えた。

　そのアイデアは、ニューヨークの90年代（Stüssyが重要な役割を演じた時代）のファッションシーンの象徴をアッパーに反映させることで達成された。

　アメリカらしい生地のパッチワーク——格子柄、さまざまな色合いのデニム、コーデュロイ、星条旗など——がヒールに沿ってさりげなく配置されている。トウボックスにはプレミアムスエードを使った。125足の限定生産で、Stüssyのニューヨーク店だけで販売された。

シューズデータ

エディション
First String

パック
'Stüssy New York'

発売年
2012年

オリジナル用途
バスケットボール

テクノロジー
パッド入りアンクルサポート

付属品
トートバッグ、替えひも

CONVERSE PRO LEATHER MID & OX x FOOTPATROL
コンバース プロレザー ミッド & オックス × フットパトロール

フットパトロールが一段上のレベルへ

NBAの伝説のプレイヤー、ジュリアス・アーヴィング（愛称Dr. J）によって有名になったモデルが、2012年にようやく世界中でそれにふさわしい評価を得た。この年、コンバースはスニーカー界の大物たちとのコラボレーションで、「ファーストストリング」ラインからプロレザーミッドとオックスコレクションを発表した。

Footpatrol（フットパトロール）は2種類のデザインを担当し、どちらもアッパーにはプレミアムヌバックを使っている。タンとヒールストリップとインソールにはアステカ模様の繊細な刺繍が施された。ブランディングも全体に散りばめられ、ヒールサイド（外側）には型押しされたガスマスク、ヒールタブには「FB」の文字の刺繍、右足インソールにはバーコードのロゴがある。

ミッドは110足、オックスは40足の限定販売。リリースに合わせて、Footpatrolは特注のTシャツ2種類も作った。ミントとグレーの2色があり、シューズとおそろいのアステカ模様が胸ポケットにプリントされている。各色50着の限定販売だった。

シューズデータ

エディション
First String

パック
'Footpatrol'

発売年
2012年

オリジナル用途
バスケットボール

テクノロジー
パッド入りアンクルサポート

付属品
トートバッグ、替えひも

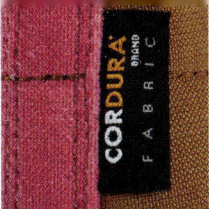

CONVERSE PRO LEATHER MID & OX x PATTA

コンバース プロレザーミッド & オックス × パッタ

パッタはガーデニング上手

　2012年の「ファーストストリング」コレクションのPatta（パッタ）版は、このオランダのスニーカーショップのアムステルダム・ゼーデイク店のオープンに合わせてリリースされた。

　テーマは"ガーデニング"で、アースカラーの2種類が作られた。「ミッド」がタン、「オックス」がオリーブカラーで、アッパーの素材には丈夫なコーデュラを使った。軍用品向けファブリックの風合いがこのカラーリングでさらに魅力的に見える。「ミッド」はマゼンタのベロアのライニングと、ソールの濃いパープルがアクセント。パープルのテーマはこのパックに共通したもので、「オックス」のライニングにも使われている。

　Pattaの店舗限定でコンバース×パッタの特製Tシャツが販売された。

シューズデータ

エディション
First String

パック
'Patta'

発売年
2012年

オリジナル用途
バスケットボール

テクノロジー
パッド入りアンクルサポート

付属品
Tシャツ、トートバッグ、替えひも

CONVERSE PRO LEATHER & OX x CLOT

コンバース プロレザーミッド & オックス × クロット

東と西の出会い

香港を拠点とするクリエイター集団CLOT（クロット）も、アジアから2012年の「ファーストストリング」とのコラボレーションに参加した。

「プロレザー」へのオマージュとして、CLOTはヴィンテージ感を強調し、このクラシックモデルの豊かな遺産とその後のファッション・音楽シーンへの影響を表現した。

「プロレザー」の名称とは異なり、アッパーはストーンウォッシュのキャンバス地にプレミアムコットンのライニングを合わせ、ミッドソールにはオフホワイトを採用した。カラーはオリジナルのものを踏襲し、「ミッド」にはCLOTのイメージカラーである赤でブランディングした。ローカットの「オックス」も同じヴィンテージ風のデザインで、配色は「ミッド」の逆にしている。

シューズのリリースに合わせて、赤と白のTシャツも作られた。

「ファーストストリング」コレクションは、CLOTの香港のフラグシップ店JUICE（ジュース）で先行販売され、その後、香港、上海、台北、クアラルンプールのJUICE各店舗で一般販売された。

シューズデータ

エディション
First String

パック
'CLOT'

発売年
2012年

オリジナル用途
バスケットボール

テクノロジー
パッド入り
アンクルサポート

CONVERSE PRO LEATHER
& AUCKLAND RACER
x ALOHA RAG

コンバース プロレザー & オークランドレーサー × アロハラグ

シューズデータ

エディション
First String

パック
'Aloha Rag／AR SRPLS'

発売年
2012年

オリジナル用途
バスケットボール、
ランニング

テクノロジー
パッド入り
アンクルサポート、
デュアルデンシティ
EVAミッドソール、
レーサー

アロハの軍隊式敬礼

　2012年のコレクションは、Aloha Rag（アロハラグ）にとってコンバースとの2度目のコラボレーションだった。2011年の最初のコラボは、このハワイのハイファッションストアの20周年を記念したものだ。どちらもAloha Ragのレーベル「AR SRPLS（サープラス）」からリリースされ、ミリタリーの基本アイテムをテーマにした。

　「プロレザー」と「オークランドレーサー」をリワークしたこのパックは、どちらもプレミアムレザーとキャンバス地を使っている。「プロレザー」は白のレザーのアッパーに、スエードのアクセントとガムソール。内側サイドのレーザーエッチングの星型は軍隊で使う小型トランクを思わせる。カモフラージュ柄のさりげないプリントもテーマに貢献している。

　軽量で柔軟性のある「オークランドレーサー」は、軍用のハイキングブーツをイメージした。シューズの50%にアフリカ産のヤギ革が使われ、耐久性を最大限に高めている。

CONVERSE x MISSONI
コンバース × ミッソーニ

シューズデータ

エディション
Missoni

発売年
2010年

オリジナル用途
バスケットボール、ランニング

テクノロジー
トウガード、
バルカナイズドソール、
ラバーソール

イタリアの代表的スタイル

コンバースの「ファーストストリング」は、選ばれたパートナーとのコラボレーションで最高品質の商品を生み出すためのラインだ。過去のパートナーには、Kicks Hawaii (キックス ハワイ)、sak (サック)、Bodega (ボデガ)、Reigning Champ (レイニングチャンプ)、そしてもちろん、Missoni (ミッソーニ) も含まれる。

2010年、コンバースはファッションの流行に目を向けた。その結果がクラシックモデルのシルエットとイタリア文化が誇る繊細なファブリックの融合だった。

これまでのところ、Missoniのコレクションにはデザインが美しい「オールスターハイ」(写真右)——Missoniを象徴するさまざまな柄が使われている——や、銅の糸を編み込んだ「オークランドレーサー」(左)、「プロレザーハイ」などがある。

2つのブランドの遺産と優れた職人技が結びつき、息の合った見事なコラボレーションを実現した。

CONVERSE ALL STAR LO
x REIGNING CHAMP
コンバース オールスター ロー × レイニングチャンプ

コットンチャンプ

　コンバースはスポーツ界との長期的な結びつきを通して偶像的ブランドになったが、CYCデザインは上質のコットン製の衣類をSupreme（シュプリーム）やAlife（エーライフ）などのセレクトショップに提供することでその地位を築いた。2008年、CYCはインハウスブランドのReigning Champ（レイニングチャンプ）を立ち上げ、高品質のスウェット、Tシャツ、コットン製品を作り始めた。

　以前にもスニーカーのアッパー素材としてコットンが試されたことはあったが、この「オールスター ロー」に使われた重量級のカナダ産テリーコットンの品質に勝るものはない。

　ディテールとしては、Reigning Champの衣料品で見かけるものとよく似たマットブラックのアイレット、アッパーに合わせた自然素材のシューレース、オックスフォード生地のライニング、タンの上とインソールのデュアルブランドのラベル、そして、「チャックテイラー」のものと同じガムラバーのアウトソールなどが特徴だ。

シューズデータ
エディション
Reigning Champ
発売年
2012年
オリジナル用途
バスケットボール
テクノロジー
トウガード、
バルカナイズドソール
付属品
トートバッグ

CONVERSE PRO LEATHER
x JORDAN BRAND

コンバース プロレザー × ジョーダンブランド

「23」の30年

　1982年のNCAAファイナルで、ノースカロライナ大学（UNC）の1年生だったマイケル・ジョーダンが残り数秒で決勝のジャンプシュートを決めた。このとき、彼はコンバースの「プロレザー」を履いていた。

　この記憶に残るシュートから30周年を記念して、Jordan Brand（ジョーダンブランド）とコンバースはネットオークションだけで入手できるアニバーサリー限定版を作った。

　デザインは、その夜ジョーダンが履いていたブルーとホワイトのシューズをイメージし、サイズ13の「プロレザー」には「UNC23」の文字入りバスケットボールと"ジャンプマン"を組み合わせたロゴがインソールにプリントしてある。UNCのジャージーと「プロレザー」のスニーカーの両方にマイケル・ジョーダン本人がサインし、特製のハードウッドボックス入りで売られた。

　シリアルナンバー入りの30足が作られ、ジョーダンに7足が贈られ、残りの23足がオークションにかけられた。収益はすべてジェームズ・R・ジョーダン基金に寄付された。

74

シューズデータ

エディション
Jordan Brand

パック
'Limited Edition Commemorative Pack'

発売年
2012年

オリジナル用途
バスケットボール

テクノロジー
パッド入り
アンクルサポート

付属品
ハードウッドボックス、
バスケットボール
ジャージー、
サイン入りシューズ

シューズデータ
エディション
Number (N) ine
発売年
2010年
オリジナル用途
バスケットボール
テクノロジー
トウガード、
バルカナイズドソール

スターが作られるところ

「オールスター オックス」と「ワンスター オックス」の時代を超えた美しさに変更を加えるには、日本の実験的なファッションブランドの手を借りる必要があった。デザイナーの宮下貴裕は自分が子どものころに好きだったコンバースの「オデッサ」を思い描いて「Number (N) ine (ナンバーナイン)」のデザインに取り組んだ。その結果、「オデッサ」の左右非対称のレーシングと上質な鹿革スエードのアッパーが採用されている。「ワンスター」と「オールスター」のオリジナルの特徴は、宮下の「オールスター オックス」(写真のイエローのモデル) のパネリングとシルバーのアイレットにはっきり見てとれる。それぞれのモデルへの新たな解釈は、ヒールサイドの金属製の星 (オールスターにはゴールド、ワンスターにはシルバー) にも表現されている。

CONVERSE ASYMMETRICAL
ALL STAR OX & ONE STAR OX x NUMBER (N)INE
コンバース アシンメトリカル オールスター オックス & ワンスター オックス × ナンバーナイン

NEW BALANCE

ニューバランス

　ニューバランスの前身は、アーチサポートと治療用フットウェアを専門にする整形外科用のシューズメーカー「ニューバランス・アーチ・カンパニー」だ。その慎ましいスタートから、ニューバランスは世界的な運動シューズメーカーとしての成長を遂げた。アメリカとイギリスを拠点としているのは、アジア中心の製造供給チェーンが優勢の最近ではめずらしい。「Made in UK（メイド・イン・UK）」と「Made in USA（メイド・イン・USA）」ラインは、どちらも品質のよさと優れた

職人技の代名詞として認識されている。

　ニューバランスはこの10年間にライフスタイル市場にも進出し、スニーカー文化の進化を象徴するような多くの限定版をリリースしてきた。

　ロンドン拠点のスニーカーショップ「Crooked Tongues (クルックドタンズ)」(p.80-81) との画期的なコラボ版のリリースに続き、ドイツの「Solebox (ソールボックス)」(p.82) とも提携した。ニューヨークではスニーカー界の大立者ロニー・フィーグ (p.85) との関係を花開かせた。ニューバランスは、革新的でクリエイティブな人たちとアイデアを形にする才覚に長けていた。

　つねにスニーカーの流行の最先端を走っているのは、その能力のためだ。製造過程のすべての面でクオリティにこだわるブランドとして、世界中の支持を集めてきた。

NEW BALANCE x OFFSPRING

ニューバランス×オフスプリング

機能的なだけではない

　ニューバランスの「Made in UK」部門は、つねにスポーツ小売店との強い信頼関係を維持してきた。しかし、ファッション業界で最初のパートナーとしてロンドンのOffspring（オフスプリング）と提携したことをきっかけに、ファッション業界のリーダーたちとの関係を深めていく。

　この第一歩となる商品の発表から1年後、ニューバランスはOffspringのロンドン4店舗を祝福する最初の「Made in UK」のコラボ企画を通して、この新しい関係をさらに成長させようと考えた。

　スニーカーはOffspringの各店舗がデザインを担当し、フリンビーにあるニューバランスの工場で製造された。Offspring店舗ごとのシリアルナンバーがヒールに刺繍されている。最終的に、秋の色をテーマにした4種類のデザインが生まれた。

79

シューズデータ

エディション
Offspring

発売年
2006年

オリジナル用途
ランニング

テクノロジー
Cキャップ

NEW BALANCE M577 'BLACK SWORD'
x CROOKED TONGUES & BJ BETTS

シューズデータ

エディション
Crooked Tongues
'Black Sword'

パック
'Confederation of Villainy'

発売年
2006年

オリジナル用途
ランニング

テクノロジー
ENCAP

付属品
特製二重ボックス、替えひも

ニューバランス M577「ブラックソード」
× クルックドタンズ & BJベッツ

タトゥーを入れた
中国のギャング

　Crooked Tongues（クルックドタンズ）の4人のメンバーの国籍を反映した"コンフェデレーション・ヴィラニー（極悪連合）"の各モデルは、メンバーの故郷が生んだ名高い悪党を描いている。

　コラボ版の「577」は"ブラックソード（黒い剣）"と名づけられ、宋時代の上海に住み、反乱を率いた宋江をテーマにしている。

　白のトップアイレット、プレミアム素材とポップなカラーが特徴だ。

　特製ボックスはタトゥーアーティストのBJベッツがデザインした個性的なもので、これも宋江をイメージしている。各モデル99足の限定生産で、Crooked Tonguesのオンラインストアだけで売られた。

ニューバランス M1500「ブラックビアード」
× クルックドタンズ & BJ ベッツ

ダークな過去を持つランナー

　それまでにも何度かコラボ版が作られてきたモデル「M1500」は、ニューバランスとCrooked Tongues (クルックドタンズ) の「極悪連合」の名にふさわしく細部にこだわり、記憶に残るモデルに仕上がった。

　"ブラックビアード (黒ひげ)" はイギリスのブリストル生まれの海賊の名前。彼は自分のひげに火のついたマッチを結びつけていたと言われる。そこで、このシューズには黒、グレー、白の暗めのカラーリングが選ばれ、あちこちにレッドがアクセントに使われている。アッパーはレザーとメッシュを組み合わせ、質感に変化をもたせた。よく目立つ白のステッチが高級感を加えている。

シューズデータ

エディション
Crooked Tongues
'Blackbeard'

パック
'Confederation of Villainy'

発売年
2006年

オリジナル用途
ランニング

テクノロジー
ENCAP

付属品
特製二重ボックス、替えひも2対

NEW BALANCE M1500
x CROOKED TONGUES
x SOLEBOX

ニューバランス M1500 ×
クルックドタンズ × ソールボックス

ブレッド&バターの
ブランドサンドイッチ

　2005年はベルリンで第1回「ブレッド&バター」ストリートウェア見本市が開かれた年だ。各ブランドがそこで最新のコレクションを発表した。このイベントの開催中に、Crooked Tongues（クルックドタンズ）とSolebox（ソールボックス）のチームがニューバランスの限定コラボ版をリリースした。

　Crooked Tonguesのクリス・ローとSoleboxのヒクメットがデザインしたシューズは、Crooked Tonguesの以前のウェブサイトのカラーをイメージしたものだ。

　50足の限定販売で、シリアルナンバー入りで、「CT-SB」の文字が刻印されたハングタグが付いてきた。

シューズデータ

エディション
Crooked Tongues
× Solebox

発売年
2005年

オリジナル用途
ランニング

テクノロジー
ENCAP

付属品
シリアルナンバー入り
ハングタグ

シューズデータ

エディション
Solebox

パック
Purple Devils

発売年
2006年

オリジナル用途
ランニング

付属品
ENCAP、
Cキャップ

NEW BALANCE x SOLEBOX
'PURPLE DEVILS'
ニューバランス×ソールボックス「パープルデビルス」

83

悪魔は細部に宿る

Solebox（ソールボックス）のチームは2006年に3種類のコラボ版をリリースした。「Made in UK」の575、576、1500で、"パープルデビルス（紫の悪魔）"と呼ばれている（写真は1500と576）。

どのモデルもアッパーは黒のスエードとプレミアムレザー、3Mのアクセント、パープルのスエードのフロントパネルの構成で、クラシックな白のミッドソールに対照的なガムソールユニットを合わせている。Soleboxのブランディングが施されたレースジュエルも特徴だ。

575は世界全体で120足、576と1500は各300足の限定販売だった。

NEW BALANCE M576
x FOOTPATROL

ニューバランス M576
× フットパトロール

離れられない関係
スティッキー

「Made in UK」のニューバランス「M576」のために、Footpatrol（フットパトロール）は90年代末のスノーボードシューズをイメージしたデザインを考案し、ベルクロタイプの交換可能なロゴを用意した。

プレミアムレザーのアッパーにネオンカラーのアクセントが個性的で、付属のさまざまな色の「N」と靴ひもの中から、履く人が自分の好きな色をその日の気分で選ぶことができた。

カラーは黒と茶の2種類があり、Footpatrolのガスマスクのロゴが刺繍された付属のハングタグをサイドに取り付けることもできる。

このアイデアが好評だったため、ニューバランスはその後のモデルでもこのコンセプトを採用した。

シューズデータ

エディション
Footpatrol

発売年
2007年

オリジナル用途
ランニング

テクノロジー
Cキャップ

付属品
替えひも、交換可能な
ベルクロ式「N」のロゴと
Footpatrolのロゴ

NEW BALANCE ML999 'STEEL BLUE' x RONNIE FIEG
& NEW BALANCE M1300 'SALMON SOLE' x RONNIE FIEG

ニューバランス ML999「スティールブルー」× ロニー・フィーグ & ニューバランス M1300「サーモンソール」× ロニー・フィーグ

スティールブルーが流行

　ニューヨークのデザイナー、ロニー・フィーグと彼のストア「KITH (キス)」は、つねに効果的なスニーカーのリワークを考えている。ニューバランスの2つのモデル「ML999」と「M1300」もその対象になった。

　フィーグの2012年の「スティールブルー」コレクションは、この「Made in USA」のML999 (右下) が目玉の1つだった。細部のこだわりとして、ヒールとタンのニューバランスのブランディング、レースアグレットに書かれた「Just Us」の文字、インソールにプリントされたKITHのロゴなどがある。

　特別版のリリースを記念して、スニーカー、パーカー、スウェットの短パンが入ったハンドメイドの木製ボックスも100個限定で作られ、KITHのマンハッタンとブルックリンの店舗で販売された。通常ボックス版は世界中のニューバランス提携店のうち限定店舗で販売された。

　クラシックモデルのM1300 (右上) では、フィーグは2011年の「サーモン・トウ・ASICSゲルライトIII」と同様のテーマをさらに強化した。デザイナーのマイカー・コーエンのブランド「Shades of Grey (シェイズ・オブ・グレイ)」が「Made in USA」の大学チームジャケットを作り、それも両店舗で入手できた。

シューズデータ
エディション
KITH／Ronnie Fieg
発売年
2012年
オリジナル用途
ランニング
テクノロジー
ENCAP

シューズデータ
エディション
KITH／Ronnie Fieg
発売年
2012年
オリジナル用途
ランニング
テクノロジー
ABZORB
付属品
替えひも、ハングタグ、木製ボックス、パーカー、スウェット短パン

85

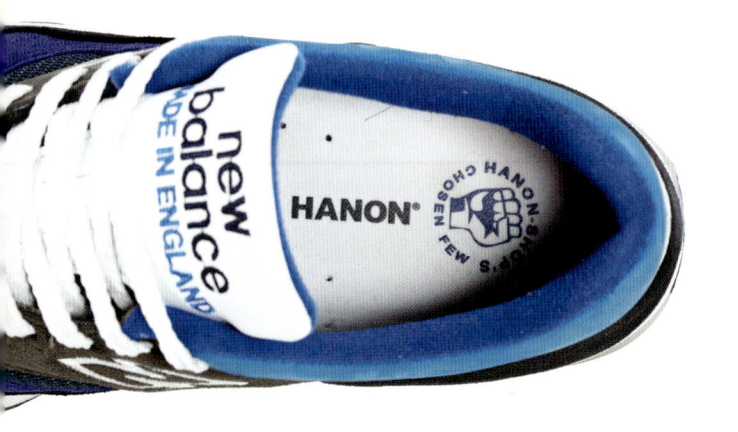

NEW BALANCE M1500 'CHOSEN FEW' x HANON

ニューバランス M1500「チョーズンフュー」× ハノン

シューズデータ

エディション
Hanon

パック
'Northern Sole'

発売年
2012年

オリジナル用途
ランニング

テクノロジー
ENCAP

付属品
木製ボックス、
ダストバッグ

北を向く

アバディーンのHanon Shop（ハノンショップ）は、ニューバランスの「ノーザンソール」コレクション用に、この"チョーズンフュー（選ばれた精鋭）"の名をつけたM1500をデザインした。

Hanonは「Made in UK」のヘリテージモデルにインスピレーションを求め、オリジナルのM577とM576で使われていたネイビーのヨーロピアンスエードなど、クラシックモデルを象徴する素材を使ってシルエットを構成した。

アッパーにウォルヴァリン社製の豚革スエードを使っているのも特徴で、革はなめして汚れと色褪せを防いだ。グレーとブルーのベースカラーは、ヴィンテージスニーカーのカタログに掲載されるモデルをイメージさせる。

Hanonの店舗で先行販売し、先着50名は特製ボックス入りの限定版を手にした。翌日には限定数ながらオンラインでも販売された。

NEW BALANCE M576
x HOUSE 33
x CROOKED TONGUES

ニューバランス M576 × ハウス33 × クルックドタンズ

ワン・アンド・オンリー

　2005年当時、Crooked Tongues（クルックドタンズ）は書体デザイン制作会社兼衣料レーベルの「ハウス33」と提携関係にあった。ロンドンのソーホーで隣同士だった時期に、彼らはハウス・インダストリーズ創業者のアンディ・クルーズ、そしてハウスに長く貢献してきたタトゥーアーティストのBJベッツとも親しくなった。

　Crooked Tonguesがカンブリア地方のフリンビーにあるニューバランスの「Made in UK」ラインの工場を訪ねたとき、彼らはイタリア製の上質なフルグレインレザーを持っていった。「ハウス33」のモチーフがプリントされたものだ。そこから、ニューバランス「M576」の1足限りのユニークなシューズが生まれた。右足用のタンに「C.T.」の文字が、左足用には「H.33」の文字が刺繍されている。メッシュのパネルも特徴的で、文字どおりどこにもない1足に仕上がった。

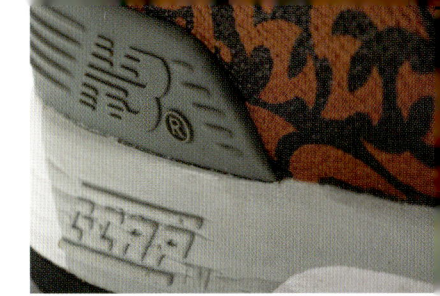

シューズデータ

エディション
House 33 ×
Crooked Tongues

発売年
2005年

オリジナル用途
ランニング

テクノロジー
Cキャップ

NEW BALANCE MT580 '10TH ANNIVERSARY'
x REALMADHECTIC x MITA SNEAKERS

ニューバランス MT580「10周年アニバーサリー」× リアルマッドヘクティク × ミタスニーカーズ

デザインが輝いた10年

　2010年、日本ブランドのrealmad HECTIC（リアルマッドヘクティク）は創業10周年を記念して、東京のミタスニーカーズとともにニューバランスとのコラボシリーズを発表した。

　このMT580「BKX」は、黒のキルトレザーのアッパーに、木目調のミッドソールとフロント側の白いソール、面白い構造のトウキャップを組み合わせている。

　これに先立つ10周年シリーズの他のモデルと同様に、インソールには過去にリリースされたすべてのMT580がプリントされている。

シューズデータ

エディション
realmadHECTIC ×
Mita Sneakers

パック
'10th Anniversary'

発売年
2010年

オリジナル用途
ランニング

テクノロジー
ロールバー

NEW BALANCE M1500 x LA MJC x COLETTE

ニューバランス M1500 × La MJC × コレット

人生を無駄なく生きる

　2001年創業のフランスの通信社「La MJC」は、ストリート文化とスニーカーコミュニティでもよく知られた名前となった。ニューバランス、ナイキ、アシックス、セバゴ、ラコステ、スープラなどのブランドと精力的にコラボを展開し、ストリートブック「All Gone」も刊行している。

　パリの高級ブティック「Colette（コレット）」とのコラボでは、'Vivre sans temps mort' をテーマに掲げた。大ざっぱに訳せば、「明日がないと思って生きよ」という意味だ。このフレーズがインソールにもプリントされている。

　豚革スエードとプレミアムレザーのアッパーで、このスニーカーを贅沢なファッションアイテムに位置づけた。レッド／ホワイト／グレーのカラーリングと控えめに使っている3Mでシルエットを完成させている。アッパーに使われている白、グレー、赤3色の替えひもつき。

シューズデータ

エディション
La MJC×Colette

発売年
2010年

オリジナル用途
ランニング

テクノロジー
ENCAP

付属品
替えひも3対

NEW BALANCE MT580 x REALMADHECTIC

ニューバランス MT580 × リアルマッドヘクティク

幸運の8

　ニューバランスとrealmad HECTIC（リアルマッドヘクティク）の提携は長期にわたり、カラーと素材でさまざまな冒険を試みた多くのコラボ商品を成功させてきた。

　人気のヘクティクモデルのひとつが、このMT580だ。ニューバランス580のトレイルランニング版で、ソールに大きなロールバーシステムを採用し、足が靴の中で内転する（くの字型に曲がる）のを防いでいる。

　このモデルは「第8の銃弾」として知られる。両ブランドの提携から生まれた8番目のスニーカーだからだ。デザインは2種類。どちらもナイロンとヌバックの取り合わせが面白い。写真のモデルは、ネイビーのベースにポップカラーをアクセントに使っている。

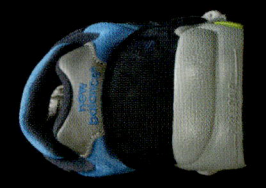

シューズデータ

エディション
realmadHECTIC

発売年
2005年

オリジナル用途
トレイルランニング

テクノロジー
ロールバー

NEW BALANCE CM1700
x WHIZ LIMITED
x MITA SNEAKERS

ニューバランス CM1700 ×
ウィズリミテッド × ミタスニーカーズ

シューズデータ

エディション
WHIZ LIMITED×Mita Sneakers

発売年
2012年

オリジナル用途
ランニング

テクノロジー
ABZORB、
ENCAP、
Cキャップ、レーザー

スターのクオリティ

　2012年、ニューバランスは日本のWHIZ LIMITED（ウィズリミテッド）とミタスニーカーズとの提携で、CM1700をベースにまた新たな素晴らしいコラボ商品をリリースした。

　通気口はレーザーで星型にカットされ、暗い場所で輝くように蛍光素材を下貼りしている。アッパーはメディアル（内側）が赤、ラテラル（外側）がネイビーという2色の対照的なカラーを使っている。これにオフホワイトとシルバーを加えてトリコロールカラーを強調した。ソックライナーのユニークなトリプルブランディングも特徴的だ。

シューズデータ

エディション
Paris Saint-Germain

パック
'La MJC × Colette × Undefeated'

発売年
2012年

オリジナル用途
ランニング

テクノロジー
ロールバー

シューズデータ

エディション
UCLA Bruins

パック
'La MJC × Colette × Undefeated'

発売年
2012年

オリジナル用途
ランニング

テクノロジー
ENCAP

NEW BALANCE CM1500 & MT580
x LA MJC x COLETTE x UNDEFEATED

ニューバランス CM1500 & MT580 × La MJC × コレット × アンディフィーテッド

ホームタウンの
バスケットボール選手を表現

　2012年、ニューバランスは以前からのパートナーである「La MJC」、パリのブティック「Colette（コレット）」、カリフォルニアのストリートウェア大手「Undefeated（アンディフィーテッド）」とチームを組み、CM1500とMT580のコラボ版をリリースした。

　各デザインは提携ブランドのホームタウンをテーマにしている。UndefeatedはCM1500用にカリフォルニアを象徴するUCLAブルーインズのイエロー／ブルーの配色を採用。一方、MT580はサッカーのクラブチーム「パリ・サンジェルマンFC」のイメージカラーを採用している。どちらもディテールと素材に特徴を持たせ、ソックライナーにまで凝っている。CM1500のヒョウ柄のライニングは動物の王国をイメージしたもの。MT580はもっと控えめで、サイドのニューバランスのロゴをフランスのテリー織で覆い、インソールにはパリ・サンジェルマンFCのトリコロールのストライプがあしらわれている。

NEW BALANCE M1500 'TOOTHPASTE' x SOLEBOX

ニューバランス M1500「トゥースペースト」× ソールボックス

シューズデータ

エディション
Solebox

パック
'Toothpaste'

発売年
2007年

オリジナル用途
ランニング

テクノロジー
ENCAP

付属品
歯ブラシ、
トートバッグ

爽快でクリーン

ベルリンのブティック「Solebox (ソールボックス)」がデザインした「トゥースペースト」パックは、真珠のようなホワイトのパテントレザーにミントとオレンジのアクセントを加え、ソールにはガムソールを採用している。このパックには2色どちらかの歯ブラシと、シューズを保管するための特製トートバッグもついている。

特徴的なディテールとしては、パテントレザー、スエード、メッシュのアッパーに、おなじみの「Made in England」のブランディングがタンに見られる。レザー製のインソールには「Selected Edition」の文字スタンプが押してある。小さな金属製のトップアイレットをさりげなく使い、その片方には「Solebox」の文字が、もう片方には製造された216足のシリアルナンバーが刻印されている。

友人や家族用に作られた何足かには、サイドにSoleboxのロゴも入っていた。

NEW BALANCE M577 x SNS x MILKCRATE
ニューバランス M577 × SNS × ミルククレイト

ストックホルムから
ボルチモアへ

　ニューバランスとの5度目のコラボ企画のために、ストックホルムの有名スニーカーショップ「SNS (スニーカーズ・アン・スタッフ)」は、ボルチモア生まれのDJで音楽プロデューサー、さらには洋服デザイナーとしてアパレルブランド「Milkcrate Athletics (ミルククレイト・アスレティクス)」を持つアーロン・ラクレイトを招き入れ、M577の2種類のスニーカーのうち片方のデザインを任せた。

　SNSは全体に落ち着いた色調を選び、グレーのスエードをベースにパーフォレート加工した白のレザーを使った。一方、アーロン・ラクレイトはMilkcrateの衣料ラインで使っているビビッドカラーに目を向けた。アッパーにはピンク、イエロー、グリーン、パープルのスエード、タンには3Mを採用し、同じ白のパーフォレートレザーをトウボックスとアッパーパネルに使っている。ほかにデュアルブランドのハングタグも加えた。

　世界中のニューバランス提携ショップのうち、限定店舗のみで販売された。

シューズデータ

エディション
SNS×Milkcrate

発売年
2012年

オリジナル用途
ランニング

テクノロジー
ENCAP

付属品
ステッカー

95

NIKE

ナイキ

1964年、ナイキの前身であるブルー・リボン・スポーツが設立された。オレゴン大学の陸上チームを通してスポーツシューズの新たなアイデアを試し製品化していたこの会社は、やがてナイキと社名を変え、世界で最も有名なスポーツブランドとしての地位を築く。スポーツシューズカルチャーとビジネスにおけるナイキの重要性は、いくら評価してもしすぎることはない。スポーツシューズメーカーとしての当初の企業目的をはるかに超え、ファッション、音楽、スポーツ、ポップカルチャーに大きな影響を与えるグローバル企業に成長した。

ビル・バウワーマン、フィル・ナイト、ティンカー・ハットフィールドなど、ナイキを代表するデザイナーたちの名前は、世界中のスニーカーファンの脳裏に刻み込まれている。また、ナイキは需要と供給のバランスという経済の基本に基づき、特定のモデルの販売数を制限する戦略の価値を早くに認識したブランドだった。こうして築かれた限定版という新たな市場が、現在のスニーカー文化に再び活気を呼び込んでいる。

ナイキは豊富なカラーバリエーションでの限定版リリースというアイデアを真っ先に取り入れたブランドでもあった。大学チームのイメージカラーを採用したバスケットボールシューズは、大学チームの選手だけが購入可能で、それだけでコレクション価値のあるアイテムになった。

デザイン面でも、ナイキは世界を驚かせるスニーカーのいくつかを作ってきた。「エアフォース1」や「ダンク」などの初期の画期的なモデルは、バスケットボールコートとストリートの両方を興奮させた。1987年の「エアマックスI」は、ランニングシューズの定義を塗り替え、1990年と1995年の新モデルもシューズデザインのルールを変える斬新なものだった。

ナイキはスニーカーにコンセプトを持たせることでも、革新的で需要のあるシューズに具体化することでも、他のブランドより先を進んでいた。ナイキほど限定版やサードパーティとのコラボレーションに力を入れるブランドはなかった。最上位ラインである「ハイパーストライク (Hyperstrike)」で作られるモデルは、通常50足以下の限定生産で、友人や家族にだけ配布される。わずかに一般販売される「ティアゼロ (Tier Zero)」は、厳選された店舗のみに配布される。次のレベルの「クイックストライク (Quickstrike)」はもっと製造数が多く、高級ショッピングエリアにある店舗で販売される。「クイックストライク」と「ハイパーストライク」からリリースされたいくつかのモデルは、スポーツシューズ史に残る名品スニーカーとみなされてきた。

コラボレーションによるイノベーションを牽引し、その可能性を押し広げたのがHTMだった。これは、Fragment Design (フラグメントデザイン) を率いる藤原ヒロシ、ナイキのデザイナーのティンカー・ハットフィールド、そしてナイキCEOのマーク・パーカーの3人を中心にしたコラボレーションプロジェクトだ。HTMはこれまで本当にさまざまなフットウェアを送り出してきた。「フライニット」コレクション (p.152-153) もそのひとつで、2012年を代表するスニーカーになった。ナイキは新しいテクノロジーでフットウェアを進化させるとともに、初期クラシックモデルのデザインを取り入れた新たなハイブリッド商品を生み出している。

このビーヴァートン (オレゴン州) の巨人企業とのコラボパートナーになりたいと望むブランドは多い。近年のナイキの歴史に輝かしい足跡を刻んだモデルのいくつかは、クリエイティブなパートナーたちとのコラボレーションで生まれた。Patta (パッタ) と「エアマックス1」の新たな解釈 (p.116-117) に取り組んだプロジェクトや、ヒップホップ界の大物カニエ・ウェストのデザインに彼自身のシルエットを取り入れた「エアイージー」(p.154) がその例だ。ナイキは限定版シューズとそれを取り巻くカルチャーに関しては、大胆な冒険を恐れない。

NIKE CORTEZ PREMIUM
x MARK SMITH & TOM LUEDECKE

ナイキ コルテッツプレミアム × マーク・スミス & トム・ルーデック

焼きつけパターンのための新テクノロジー

　スニーカーの世界では、レーザーはおもに正確なパターンカッティングに使われてきた。しかし2003年、ナイキのテクノロジー開発に携わる「イノベーションキッチン」で、デザイナーのマーク・スミスが新しいレーザー技術の開発に成功した。現在も使われ続けている画期的なテクノロジーだ。

　スミスと同僚のトム・ルーデックがそれぞれケルトと民族工芸をテーマにデザインした「プレミアムコルテッツ」は、アッパーにレーザーを使ったエッチング加工が施されている。

　このイノベーションは、キャンバスとなるスペースが広い場合に最もうまくいく。そこで、マークは継ぎ目のないワンピースのアッパーを考案し、パネルの数を減らすことでシューズ全体の軽量化も達成した。

シューズデータ

エディション
Mark Smith & Tom Luedecke

パック
'2003 Laser Project'

発売年
2003年

オリジナル用途
ランニング

テクノロジー
ワンピースアッパー、
ヘリンボーンソール、レーザー

付属品
スライド式ボックス、布のラッピング、
シリアルナンバー入りハングタグ

シューズデータ

エディション
Halle Berry

パック
'Artist Series'

発売年
2004年

オリジナル用途
ランニング

テクノロジー
エア

付属品
スライド式ボックス、ソックス、アーティストシリーズのハングタグ

NIKE AIR RIFT
x HALLE BERRY

ナイキ エアリフト × ハル・ベリー

HALLEルヤ！

　ナイキはアーティストシリーズで影響力ある大物セレブたちとタッグを組み、収益を社会に還元した。このシリーズの第3弾では、女優のハル・ベリーとのコラボで「エアリフト」の新デザインに取り組んだ。スエードと合成素材のアッパーは、青みがかったグレーとオレンジという面白い配色だ。1050足の限定生産で、それぞれにシリアルナンバーが入っている。

　同色の指つきソックスもついた特製ボックス入り。すべての収益はベリーが選んだ慈善団体「メイク・ア・ウィッシュ基金」に寄付された。難病を抱える子どもたちの"願いをかなえる"手伝いをしている団体だ。

99

NIKE AIR HUARACHE
'ACG MOWABB PACK'
ナイキ エアハラチ「ACGモワブパック」

**すべてはナイキファミリー
遺伝子に刻まれている**

　「エアハラチ」と「エアモワブ」は家族の強い絆で結ばれている。生まれた年（1991年）が同じだけでなくDNAも共有し、どちらもソックスのようなフィット感を与える革新的な「ハラチ」を搭載している。ナイキの精鋭ティンカー・ハットフィールドが開発したものだ。

　エアモワブで使われている伸縮素材のネオプレンはエアハラチと同じものだ。そのため、エアハラチがモワブの一番の特徴であるACG（全天候型）の配色を借り受けるのも自然なことだった。

　オリジナルのモワブをイメージした3種類の色揃えのシューズには、プレミアムレザーが使われている。このモデルはナイキの「クイックストライク」を扱うヨーロッパの店舗だけで販売された。

シューズデータ

エディション
Quickstrike

パック
'ACG Mowabb Pack'

発売年
2007年

オリジナル用途
ランニング

テクノロジー
エア、ハラチ

付属品
替えひも2対

NIKE AIR HUARACHE LIGHT x STÜSSY

ナイキ エアハラチライト × ステューシー

初のデュアルブランディング

「エアハラチライト」の最初の再リリースは2002年。1年後、ナイキはStüssy（ステューシー）とのコラボレーションで、このクラシックシューズから新たな人気商品を誕生させた。

アシッドグリーン／ブラックとオレンジ／グレーの2種類があり、すさまじい人気を得た。アバンギャルドなカラーとともに、レザーの泥除けを加えて初期モデルとの違いを出している。友人・家族だけに配られるバージョンもごく少数ながら作られ、これにはStüssyのロゴが外側サイドパネルに刺繍されている。ナイキが他のブランド名をシューズに入れたのはこれが最初だった。

シューズデータ

エディション
Stüssy

発売年
2003年

オリジナル用途
ランニング

テクノロジー
エア、ハラチ、ギリーレーシング

NIKE FREE 5.0 PREMIUM & FREE 5.0 TRAIL x ATMOS

ナイキ フリー5.0プレミアム & フリー5.0トレイル × アトモス

爬虫類が勢ぞろい

2006年、ナイキの「フリー」テクノロジーはついに本領を発揮しはじめた。「フリー5.0」で最初にナイキとチームを組んだブランドのひとつが、長期にわたるコラボパートナーとなる東京のatmos（アトモス）だった。

atmosは"心臓の強い人向け"のアプローチをとった。フリー5.0の軽量ランニングソールユニットの上に、反射素材の3Mと爬虫類革のパターンを重ねたアッパーを組み合わせたのだ。

「プレミアム」ライン用には、黒のアッパーにスネークスキン柄を使い、細部にシルバーをあしらっている。鮮やかなピンクのトリムと3Mのアクセントがシューズを際立たせ、コレクターの間で人気のモデルになった。

シューズデータ

エディション
Atmos

発売年
2006年

オリジナル用途
ランニング

テクノロジー
フリー、
ギリーレーシング

NIKE AIR FLOW
x SELFRIDGES
ナイキ エアフロー × セルフリッジズ

セルフリッジズの控えめアプローチがカムバック

2011年の待望の「エアフロー」再リリースは、多くのファンを興奮させた。新しいエディションがオリジナルのカラーを使っているという情報がネット上に流れると、さらに熱狂は広まった。

同じころ、イギリスの高級百貨店チェーン「Selfridges（セルフリッジズ）」は、2種類の独自デザインの「ティアゼロ・エアフロー」をロンドンのオックスフォード店で限定販売する権利を獲得した。

このセルフリッジズ版エアフローは、通常モデルと同じ素材を使っているが、オリジナルの鮮やかなネオンカラーを避け、全体を黒またはオリーブの落ち着いた色でまとめている。

1色につき24足だけが作られ、発売当日にあっという間に売れ切れた。

103

シューズデータ

エディション
Tier Zero

パック
'Selfridges Tonal'

発売年
2011年

オリジナル用途
ランニング

テクノロジー
エア、ファイロン

NIKE AIR PRESTO PROMO PACK 'EARTH, AIR, FIRE, WATER'

ナイキ エアプレスト プロモパック「アース、エア、ファイヤー、ウォーター」

土・風・火・水の基本元素

2000年の「エアプレスト」は喝采で迎えられ、この新モデルにはすぐにさまざまなカラーと素材のものが加わっていった。

2001／2002年に作られた4種類のプロモーションモデルは、基本4元素（土、風、火、水）というコンセプトをもとに、これまで見たことのないパッド入りのベロアのアッパーを採用している。ベロアで綴じた本とダストバッグがパッケージされた。

製造された328足のそれぞれにシリアルナンバーが刻まれ、スウォッシュの下の「Air」の文字の代わりに、4元素のどれかの文字が入っている。

シューズデータ

エディション
'Earth, Air, Fire, Water'

パック
'Promo Pack'

発売年
2001／2002年

オリジナル用途
ランニング

テクノロジー
エア、BRS1000、デュラロン、プレストケージ、ギリーレーシング

付属品
ベロア製ダストバッグ、本

NIKE AIR PRESTO
x HELLO KITTY
ナイキ エアプレスト × ハローキティ

**女性向け
キティモデル**

　新しいミレニアムの始まりとともにリリースされた「エアプレスト」は、輝かしいスポットライトを浴びた。"足のためのTシャツ"と宣伝されたこのモデルは、カラーバリエーションの豊富さでも注目された。

　2004年に30歳の誕生日を迎えたハローキティは、それを記念するコラボ企画にいくつかの大手ブランドを招いた。

　ナイキにとって、それはかわいいキティを女性向けの「エアプレスト」に合体させる願ってもない機会だった。たくさんのキティの顔がアッパー全体にプリントされ、別バージョンでピンクとホワイトのものも作られた。それぞれ100足が作られたが一般販売はされず、友人・家族用として配られた。

106

シューズデータ

エディション
Hello Kitty

パック
'30th Anniversary'

発売年
2004年

オリジナル用途
ランニング

テクノロジー
エア、BRS1000、
デュラロン、プレストケージ、
ギリーレーシング

シューズデータ

エディション
Sole Collector

発売年
2005年

オリジナル用途
ランニング

テクノロジー
エア、BRS1000、
デュラロン、
プレストケージ、
ギリーレーシング

NIKE AIR PRESTO
'HAWAII EDITION'
x SOLE COLLECTOR
ナイキ エアプレスト「ハワイエディション」
× ソールコレクター

**ソールコレクターから
50番目の州へのオマージュ**

　雑誌「Sole Collector (ソールコレクター)」がナイキタウンのために、第1弾のコラボレーションモデルをデザインしたとき、彼らは"ビッグアイランド"が取りこぼされないようにこのモデルを作った。

　このハイパーストライク向けのハワイ柄の「エアプレスト」は、ホノルルのナイキタウンで48足だけ販売された。

NIKE AIR PRESTO ROAM x HTM
ナイキ エアプレスト ローム × HTM

自由に散策(ローム)

「プレスト」は2000年の初リリース以来、「クリップ」「ジップ」「ケージ」「ローム」など多くのバリエーションが発表されてきた。

「エアプレスト ローム」はもともと、より丈夫で耐久性のあるプレストとして考案されたものだった。ミッドカット版は、靴下のようなフィット感のストレッチ素材とパッドをたっぷり入れたスエードのアッパーで、快適性と保護力、温かさを増している。「プレスト」では標準仕様のケージでサポート力を維持する一方、頑丈なソールにはデュラロンを使っている。このブラウンラバーのアウトソールは、発泡ポリウレタンのような柔らかい感触で、ナイキのシューズの中でもとくに快適な履き心地を与える。耐久性に欠けるデュラロンを補うために、カーボンラバーのBRS1000も併用している。

HTMチームは秋冬向けのモデルとして、このプレストにも魔法をかけた。HTMのロゴがブランディングされ、シリアルナンバーも刻印されている。

「エアプレストローム」は2002年以降まったく作られておらず、世界中のコレクターが必死に探し求めている。

シューズデータ

エディション
HTM

発売年
2002年

オリジナル用途
ランニング

テクノロジー
エア、BRS1000、デュラロン、プレストケージ、ギリーレーシング

付属品
HTM特製ボックス

シューズデータ
エディション
Bodega in-store exclusive

パック
'Night Cats'

発売年
2011年

オリジナル用途
ランニング

テクノロジー
エア、ウーヴン、フットスケープ

NIKE AIR FOOTSCAPE WOVEN CHUKKA x BODEGA

ナイキ エアフットスケープ ウーヴン チャッカ × ボデガ

ボストンの一流店で展示された限定版で人気がヒートアップ

「フットスケープ」のシルエットの評価はつねに意見が真二つに分かれ、論争の的だった。オリジナルの革新的なシューレース仕様と珍しい幅広のフロントセクションは、1995年の発売当時はあまり好意的に受け止められなかったが、年数を経るにつれ着実にファンを増やしてきた。

「フットスケープ ウーヴン」はオリジナルのシェイプを洗練させ、構造と素材の面でさらに冒険している。

ボストンの注目のセレクトショップ「Bodega（ボデガ）」が、2011年のコラボレーションでこのモデルに一から取り組んだ。その結果が、美しいグレーのローカット版と"ナイトキャッツ"コレクションにも含まれたヘーゼルナッツ版だ。

Bodegaは店舗を訪れた客向けにこの貴重な限定チャッカ版を展示し、一流品の風格を与えた。

NIKE AIR FOOTSCAPE WOVEN
x THE HIDEOUT

ナイキ エア
フットスケープ ウーヴン
× ザ・ハイドアウト

ふわふわの小動物が、スニーカーコレクションに

2006年、1995年発売のスニーカーに「ナイキウーヴン」のテクノロジーを採用した、目を釘付けにする新モデルが生まれた。とくに際立った印象を与えたのは、ロンドンのストリートウェアショップ「The Hideout（ザ・ハイドアウト）」が手掛けた斬新なデザインだった。

このモデルは毛羽立ったような素材の質感から、ナイキ関連のサイトでは「ハムスター」と呼ばれていた。すぐさまカルト的人気を博し、今もコレクターたちが追い求めている。デザイナーたちは彼らのブランドの"ワイルドウェスト（西部の荒野）"のイメージをスニーカーに反映させたいと考え、高級牛革と馬の毛を使ったアッパーを選択した。

グレーとブラウンの2色があり、どちらも9月の発売後、あっという間に売り切れた。

シューズデータ
エディション
Tier Zero

パック
'The Hideout'

発売年
2006年

オリジナル用途
ランニング

テクノロジー
エア、ウーヴン、フットスケープ

NIKE AIR WOVEN 'RAINBOW' x HTM
ナイキ エアウーヴン「レインボー」× HTM

ユニークで色鮮やかなディップダイ

　ナイキの「ウーヴン」シリーズは、世界のスニーカー界でもとくに影響力の大きい3人の心をとらえた。ストリートウェアデザイナーの藤原ヒロシ、ナイキのチーフデザイナーのティンカー・ハットフィールド、そして、ナイキCEOのマーク・パーカーだ。この3人が集まって結成されたのがHTMだ。

　ウーヴンの発売から2年後の2002年、HTMは念入りにカラーを選び、ユニークな「レインボー」シリーズに発展させた。それぞれが異なる色の組み合わせのディップダイ（染めたい部分だけ染液に浸して部分的に染める方法）のストレッチナイロンを使っている。この世にひとつとして同じペアは存在しない。

　内側のタグに書かれているように、カラーごとに1500足限定だった。

シューズデータ

エディション
Tier Zero

パック
'HTM'

発売年
2002年

オリジナル用途
ライフスタイル

テクノロジー
ウーヴン、エア、ファイロンミッドソール

NIKE LUNAR CHUKKA WOVEN TIER ZERO
ナイキ ルナ チャッカ ウーヴン ティアゼロ

ナイキはペースを緩めない

　2002年、HTMは「エアウーヴン チャッカ ブート」を市場に送り出した。この人気のモデルはのちに「フットスケープ」のソールでアップデートされ、2010年には新しい「ルナロン」のテクノロジーも搭載された。

　ルナロンのソールとナイキ+（プラス）のテクノロジーを融合させたこのライフスタイルシューズは、iPodと同期させて毎日の歩数を記録することができる。

　アッパーはオリジナルの「ウーヴン」（左ページ）を踏襲したマルチカラーを採用。ティアゼロを扱う店舗で限定数が販売された。

シューズデータ

エディション
Tier Zero

発売年
2010年

オリジナル用途
ライフスタイル

テクノロジー
ウーヴン、
ルナロン、
ナイキ+

NIKE AIR MAX 1
x ATMOS
ナイキ エアマックス1 × アトモス

アトモスAM1の
ベストスニーカー

「エアマックス1」は次々と新しいバージョンがリリースされ、ナイキのコラボレーションモデルでも最も人気のあるモデルになった。日本のスニーカーショップ「atmos（アトモス）」のデザインは、エアマックス1の正しい手直しの格好の例だろう。

シューズデータ

エディション
'Viotech' Air Max 1

パック
'Atmos'

発売年
2003年

オリジナル用途
ランニング

テクノロジー
マックスエア

'SAFARI'
サファリ

atmos版「エアマックス1」の第1弾は、「エアサファリ」の代名詞であるプリント柄を取り入れた。この非常に効果的な構成のスニーカーは、丈夫なキャンバスツイルのトウボックス、上質スエードのレースステイ、サファリ柄のヒールカウンターを組み合わせ、優れた履き心地を達成している。

シューズデータ

エディション
'Safari' Air Max 1

パック
'Atmos'

発売年
2002年

オリジナル用途
ランニング

テクノロジー
マックスエア

'VIOTECH'
バイオテク

atmos版の第2弾は、レザーとスエードのアッパーに落ち着いたカラーを使ったことで人気が出た。スウォッシュには「バイオテク」カラーを使い、90年代のACGクラシックを思わせる。ガムソールとさりげないゴールドのステッチが魅力を高めている。

'JADE'
ジェイド

「クイックストライク」ラインから2007年にリリースされたこのモデルでは、atmosはナイキのもうひとつの代表的プリント柄を採用した。今回はセメント柄をエアマックス1の泥除けとヒールカラーに使っている。全体を黒と白にまとめ、ハイライトカラーにはジェイド (ひすい色) を使った。「ダンク ロー プロSB」の"ティファニーダイヤモンド"モデルでアクセントに使って大人気だったのと同じカラーだ。

シューズデータ

エディション
'Jade' Air Max 1

パック
'Atomos Quickstrike'

発売年
2007年

オリジナル用途
ランニング

テクノロジー
マックスエア

NIKE AIR MAX 1 x KIDROBOT x BARNEYS
ナイキ エアマックス1 × キッドロボット × バーニーズ

バーニーズのロボット

アート、おもちゃ、アパレル、アクセサリーの限定商品ではパイオニアの「Kidrobot（キッドロボット）」が、その創造性をこのモデルでいかんなく発揮した。

まさにKidrobotならではのスタイルで、ポップアートと大衆文化の影響を表現している。このモデルはアメリカの百貨店「Barneys（バーニーズ）」だけで限定販売された。

Kidrobotのポール・バドニッツとチャド・フィリップスは、ブラック／ゴールド／ピンクのカラーリングを選んだ。ゴールドとピンクの特製ボックスには、Kidrobotのキーチェーンもついている。

アーティストのゲイリー・ベイスマン、ダレク、デイヴィッド・ホーバス、ハック・ジー、フランク・コジックがカスタムインソールのデザインを担当。200足限定生産で、コレクターの間で人気が高い。

シューズデータ

エディション
Kidrobot

発売年
2005年

オリジナル用途
ランニング

テクノロジー
マックスエア

付属品
替えインソール、キッドロボットのキーチェーン

シューズデータ

エディション
Tier Zero

パック
'Kiss of Death'

発売年
2006年

オリジナル用途
ランニング

テクノロジー
マックスエア、ノーライナー

付属品
中国の薬箱風ボックス、小冊子

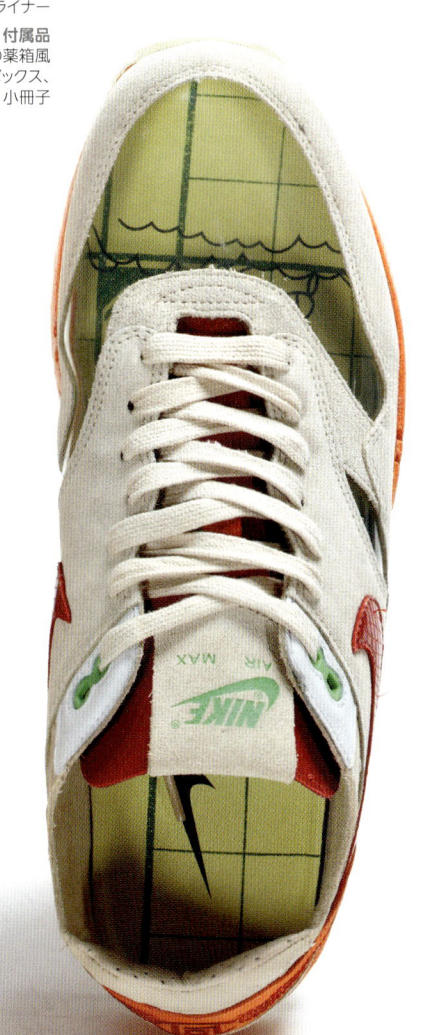

NIKE AIR MAX 1 NL PREMIUM
'KISS OF DEATH' x CLOT

ナイキ エアマックス1 NL プレミアム 「キス・オブ・デス」× クロット

気の流れ

香港の「CLOT (クロット)」が才能豊かなアーティストのMCヤンを引き入れて、この驚きのスニーカーを完成させた。人間の体に与える足の影響を表現したものだ。

中国の医学によれば、湧泉は重要な足のツボで、地と身体の間の気の流れを促す。このシューズは、透明のアウトソール越しに湧泉の場所が図で示されたインソールが見える。中国の書道用の紙に人体図の足の部分を描いているものだ。

エアマックスでは初の透明トウボックスを通して足の重要性が強調されている。オレンジとレッドの鮮やかなカラー、蛇革とオストリッチ革がダイナミックな印象を加える。

特製の折り畳み式のボックスは、中国の医学書が保管されていた箱に似ている。ボックスの上の封印は権威を表し、グラフィティスタイルの文字で「香港」と書かれている。

115

NIKE AIR MAX x PATTA
ナイキ エアマックス × パッタ

空中に浮くコラボの王様

　ストリートカルチャーのパイオニアであるPatta（パッタ）は、長くナイキとのコラボレーションで経験を積んできた。そのすべてはこのショップの本拠地であるアムステルダムをイメージした「エアマックス1」から始まった。オランダ人イラストレーターのパラ（Parra）は彼の"Amsterdam is King（アムステルダムは王様）"のロゴをエアマックス1の「AMS」の上に重ねた。独特なバーガンディ／ピンク／ブルーの配色は、アムステルダムの風俗街をイメージしたものだ（写真中央）。

　次に登場したのは「エアマックス90」で、オランダのヒップホップサイト「ステートマガジン」のコンピレーションアルバム『ホームグローン（Homegrown）』の発売に合わせてリリースされた。このアルバムのデザインが「エアマックス90」にも反映されている。緑豊かで健康によい自家製のものをイメージしている（写真左）。

　Pattaの5周年を記念して、さらに一連の「エアマックス1」シリーズがリリースされた。最初の2つはオリジナルの「エアマックス」のカラー（ホワイト／パープルとホワイト／グリーン、写真中央上と右上）を使い、次の2つはブラックとディープブルーにグリーンとレッドのアクセントという暗めのカラーを採用した（中央右）。4種類のデザインはそれぞれ異なる丈夫な素材を使っているが、同じソックライナーを使って統一感を持たせている。オランダの5ギルダー硬貨を基にしたデザインで、小さいスウォッシュも共通している。5番目の「エアマックス1」（中央左）では、共同コラボレーターとして再びパラが戻ってきた。シェリー織、スエード、メッシュのアッパーにはベースカラーにチェリーを選び、アウトソール、インソール、タンの上のサインには明るい色を使っている。

シューズデータ

エディション
Patta

発売年
2005 ～ 2010年

オリジナル用途
ランニング

テクノロジー
マックスエア

付属品
替えひも

116

117

NIKE AIR MAX 90 'TONGUE N' CHEEK' x DIZZEE RASCAL x BEN DRURY

ナイキ エアマックス90「タン・アン・チーク」× ディジー・ラスカル × ベン・ドルーリー

エアマックスのラッパー仕様

　このロンドン限定版は、ときおりコラボを組む2人のイギリス人クリエイターが考案した。ラッパーのディジー・ラスカルとグラフィックデザイナー界の大物ベン・ドルーリーだ。

　2人はこの「エアマックス90」を、ディジーのアルバム『Tongue N' Cheek (タン・アン・チーク)』のリリースに合わせて発表した。ドルーリーのアートがアルバムのカバーとスニーカーデザインの両方に使われている。

　タンの刺繍が特徴で、透明なソールの下にはラスカルのレーベルであるダーティー・スタンク・レコーディングスのロゴが見える。3Mのヒールパッチにはラスカルの姿がエンボスされている。

　プレミアムレザーとプレミアムスエードのアッパーはチョークホワイトがベースカラーで、アルバムのアートを反映した色がアクセントに使われている。

シューズデータ

エディション
'Tongue N' Cheek'

発売年
2009年

オリジナル用途
ランニング

テクノロジー
マックスエア

NIKE AIR MAX 90 x KAWS
ナイキ エアマックス 90 × カウズ

永遠のXX

　2008年、ニューヨークを拠点に活動するアーティストのKAWS（カウズ）がナイキとチームを組み、彼のトレードマークの「XX」を「エアマックス90」に加えた。

　"シンプル"こそKAWSの持ち味だ。彼はキャンバスをすっきりとした白に保ち、スニーカーの質感で違いを演出した。

　アッパーはレザーのサイドパネルとリネンのインサート、4方向にストレッチがきくメッシュのトウの組み合わせ。トウボックス、タン、シューレースとアウトソールにあしらったKAWSのクロスステッチの「XX」にはライムグリーンを使って目立たせている。

　KAWS×NIKEのコラボレーションには「エアマックス90カレント」もあり、こちらは黒のベースカラーにライムグリーンをアクセントにしている。このカラーリングは、この年の初めにナイキの"ワンワールド"プロジェクトでリリースされた、「KAWSエアフォース1」の色を逆にしたものだ。

　このモデルは200足の限定販売だった。

シューズデータ

エディション
KAWS

発売年
2008年

オリジナル用途
ランニング

テクノロジー
マックスエア

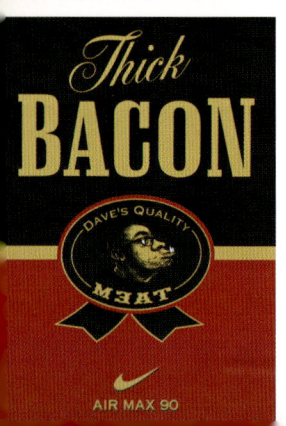

NIKE AIR MAX 90 x DQM
'BACONS'

ナイキ エアマックス90 × DQM「ベーコンズ」

ハイパーストライクの代表モデル

　2003年、DQM（デイヴズ・クオリティ・ミート）のショップとブランドがニューヨークで創業した。流行に敏感な人たちは、通りに注目すべきショップができたとすぐに察知した。スケートボード、サイクリング、グラフィティ、音楽、アート、その他さまざまなストリート文化に通じた創業者の知識と創造の才は、最高の出来のコラボスニーカーを誕生させた。

　最も愛されるスニーカーのひとつである「エアマックス90」は、DQMが彼らの才能を発揮する完璧な素材になった。"肉屋"をテーマにしたショップのコンセプトから、DQMはシューズに肉をイメージしたカラーを使い、結果として独創的なシューズに仕上がった。エアマックスでこれまで最高の配色との評価もある。

　クイックストライクの通常版でさえ今では探し出すのが相当むずかしいが、ハイパーストライク版（写真）は24足限定。特製のタンラベル、"バーント（くすんだ）"レザーのアッパー、インソールの骨のプリントが特徴だ。

　友人・家族向けのこのモデルは特製ボックス入りで、Tシャツも付いていた。

シューズデータ

エディション
Hyperstrike

パック
'Dave's Quality Meat'

発売年
2004年

オリジナル用途
ランニング

テクノロジー
マックスエア

付属品
Tシャツ、替えひも、プラスター

NIKE AIR MAX 90 CURRENT HUARACHE x DQM

ナイキ エアマックス90 カレント ハラチ × DQM

ベーコンのお持ち帰り

「クイックストライク」ラインからリリースされた、DQM（デイヴズ・クオリティ・ミート）とのコラボ商品。これまで発表されたエアマックス90の中でも最人気モデルのカラーを採用し、ニューヨークのスニーカーのメッカになったこのショップの"肉"のコンセプトを再びテーマにした。

テクノロジーという面で最も成功したランニングシューズの3モデル──「エアマックス90」「エアハラチ」「エアカレント」──の要素を組み合わせたハイブリッドモデルで、見事に相乗効果を発揮している。

ベーコンをイメージした有名なカラーブロッキング、断熱効果のあるシンサレート素材、タンの上の「Nike East」のスタンプが特徴だ。

シューズデータ

エディション
Quickstrike

パック
'Dave's Quality Meat'

発売年
2009年

オリジナル用途
ランニング

テクノロジー
エアマックス90カレント、ハラチ、フライワイヤー、シンサレート

付属品
替えひも2対

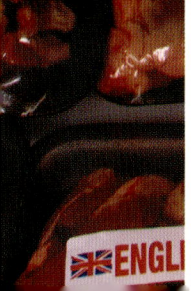

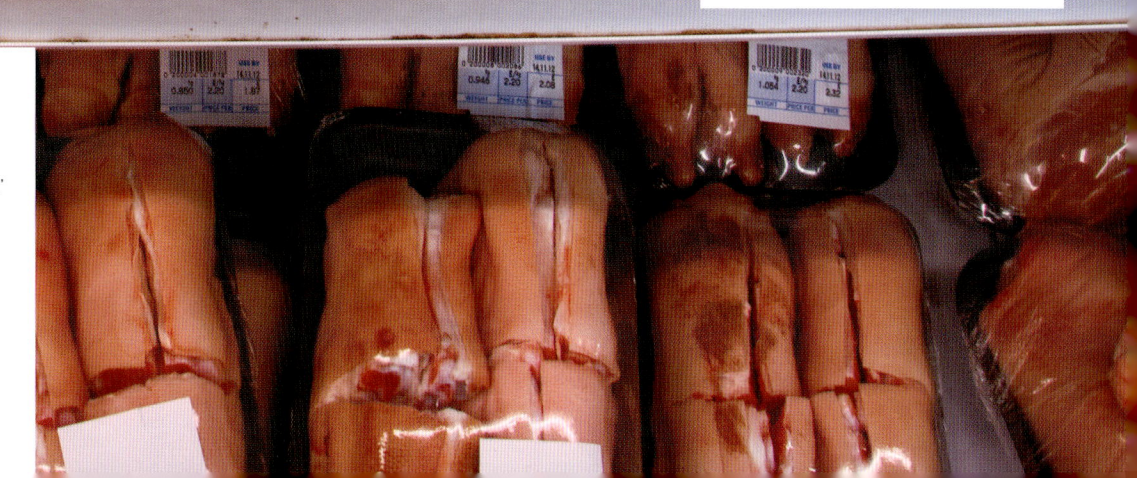

NIKE AIR MAX 90 CURRENT MOIRE QUICKSTRIKE

ナイキ エアマックス 90 カレント モアレ クイックストライク

モアレとテクノロジーの出会い

「エアマックス90カレントモアレ」のために、ナイキは「エアズームモアレ」「エアカレント」「エアマックス90」の特徴をひとつにまとめた。

このハイブリッドのアプローチで、それぞれのモデルから快適さを増すテクノロジーを取り出し、驚くほどの履き心地のよさを実現した。

「モアレ」から受け継いだのはパーフォレート加工を施したワンピースアッパーだ。通気性を保ちつつ、足をシューズの中で自然に動かすことができる。

「エアマックス90」からの要素には、なじみ深いパネリングのステッチがある。アウトソールは「エアマックス」ユニットのクッションのきいたヒール部分と、「エアカレント」のフォアフット部分に柔軟性を持たせたソールテクノロジーを組み合わせた。

カラーリングは2005年リリースの初代「ティアゼロ・エアズームモアレ」から、斑点入りのソールを取り除いたものに近い。

シューズデータ

エディション
Quickstrike

発売年
2008年

オリジナル用途
ランニング

テクノロジー
エアマックス90カレント、モアレ

NIKE x BEN DRURY
ナイキ × ベン・ドルーリー

モーワックスからモーマックスへ

イギリスの大手レコードレーベル「Mo' Wax（モーワックス）」のアートディレクターとしてキャリアをスタートさせたベン・ドルーリーは、2006年に念願の仕事を手に入れた。伝説のアーティスト、フューチュラ2000との"ダンクル"（p.147）でのコラボレーションだ。

「エアマックス360」の発売を祝し、ナイキは"Air You Breathe（エア・ユー・ブリーズ）"コレクションのために3人の有名なグラフィックデザイナーに声をかけ、3種類のクラシックモデルのリワークを依頼した。その中でベン・ドルーリーが選んだのが「エアマックス1」だった。彼はロンドンの海賊ラジオ放送をイメージしたデザインに取り組んだ。3Mのタンには"Hold Tight"の文字が刻まれ、無線通信の信号をイメージしたステッチがヒールカウンター全体に施されている。さらにインソールには鉄塔がプリントされた（「Air You Breathe」コレクションの他のモデルについてはp.133を参照）。

2009年の"サイレント・リスナー"（写真下）は、ドルーリー、ディジー・ラスカル、ナイキのスポーツウェア部門の長期にわたるパートナーシップを祝し、3者の"点が結ばれた"ことを記念してリリースされたといわれる（ディジー・ラスカル「エアマックス90」はp.118を参照）。ロンドンやダートムーアの田園地方を散策するのが好きなドルーリーの考えで、柔軟性のあるエアカレントソールに丈夫なバリスティックナイロン製のブルーのアッパーを合わせている。ドルーリーが称賛する"魔法の"3Mも、赤と青のコンビのシューレースに織り込んでいる。世界全体で125足の限定生産で、ロンドンの「ナイキ1948」がその大半を扱った。

シューズデータ

エディション
非売品のサンプル

パック
'Air You Breathe'

発売年
2006年

オリジナル用途
ランニング

テクノロジー
マックスエア

シューズデータ

エディション
'Silent Listener'

発売年
2009年

オリジナル用途
ランニング

テクノロジー
エアマックス90カレント、マックスエア

123

NIKE AIR MAX 95
'PROTOTYPE' x MITA SNEAKERS

ナイキ エアマックス95「プロトタイプ」× ミタスニーカーズ

ブラックとネオン

ミタスニーカーズは「エアマックス95」の代名詞ともいえるネオンカラーを使い、シンプルなバリエーションを作った。インナーとタンのライニングを真っ黒にしたデザインだ。オリジナルの「エアマックス95」のブランディングがインソールに施され、「Ueno（上野）」の文字がライニングに刺繍されている。ミタの店舗がある東京の地名だ。

ネオンカラーは「エアマックス95」のクリエイター、セルジオ・ロザーノが開発したものだ。日本の雑誌（Boon）のQ&Aページで彼が取り上げられたとき、そのページに掲載された写真には、まだ試作品だったころのこのスニーカーが、ロザーノが書いた最初のスケッチとともに写っていた。実際に商品になったのは2013年で、そのため"プロトタイプ（試作品）"の愛称がついている。

シューズデータ

エディション
Mita Sneakers

パック
'Prototype'

発売年
2013年

オリジナル用途
ランニング

テクノロジー
マックスエア、ギリーレーシング

NIKE AIR 'NEON PACK' x DAVE WHITE

ナイキ エア「ネオンパック」× デイヴ・ホワイト

注意:ペンキ塗りたて

英国人アーティストのデイヴ・ホワイトがナイキと組み、2005年に"ネオンパック"がリリースされた。オリジナルの「エアマックス95」の「ネオン」10周年を祝してのものだ。

このパックは3種類のデザインで構成された(写真、左から右へ)。「エアマックス95」「エアマックス90」「エアアックス1」だ。「1」と「90」はすぐにそれとわかる「エアマックス95」と同じネオン/グレーの配色を使っている。フェルトのような手触りの素材がアッパー全体に使われ、トップ付近にメッシュ素材が使われているところも、オリジナルと同じだ。

「95」はネオンカラーのアクセントが目を引いた。白のプレミアムレザーのアッパーを飾るほか、スウォッシュ、エアバブル、シューレースにもこのカラーが使われている。

デイヴ・ホワイトは2010年のストリートウェアショップ「Size?」の10周年アニバーサリー版でも、再びネオンのテーマに戻っている。いまや有名になった「ネオン」カラーで限定400足がリリースされた「エアスタブ」は、最初の「ネオン」のリリース当時に使われたペイントをイメージしている。写真右は非売品の「エアスタブ」のサンプルで、デイヴ・ホワイトがリリースの夜に色を塗ったもの。

125

シューズデータ

エディション
Size? exclusive

パック
'Neon Pack'

発売年
2005年

オリジナル用途
ランニング

テクノロジー
マックスエア、フットブリッジ(スタブ)、ギリーレーシング

付属品
替えひも

NIKE AIR 180 x OPIUM

ナイキ エア180 × オピウム

アヘン効果
オピウム

　未来的な外観のOpium（オピウム）のパリの店舗は2000年以降、ナイキとエアジョーダンにとって重要な商業拠点となった。ここではナイキの希少モデルをディスプレイしている。

　2005年、ナイキは1991年の「エア180」の再リリースをOpiumで販売すると決めた。このコラボは「エア180」の新色リリースとしてファンを興奮させた。Opium仕様のシューズは、レーザーエッチングのカモフラージュ柄ヒールと黒のプレミアムレザーのアッパーを特徴とする。

　ハイパーストライク版もリリース。フロントパネルにフェイクのスネークスキンをあしらい、パープルのトウボックスとカモフラージュ柄のヒールカウンターを縁取っている。

シューズデータ

エディション
Opium

発売年
2005年

オリジナル用途
ランニング

テクノロジー
エア180、レーザー

付属品
替えひも

NIKE LUNAR AIR 180 ACG x SIZE?
ナイキ ルナ エア 180 ACG × サイズ?

**サイズ合わせを
してみませんか?**

Size? (サイズ) はその10周年を記念してナイキとチームを組み、ランニングシューズのクラシック「エア180」のDNAを、ACGラインのアウトドアスタイリングと結びつけた。

「エア180」のミッドソールとアウトソールを出発点として、シューズのパフォーマンスを改善するために、超軽量のルナロンのクッショニングをフォアフットに搭載し、ノーソー処理を施したアッパーにはトーチメッシュパネルを重ねている。

しかし、このスニーカーを他のハイブリッドモデルより一段優れたものにしているのは、1991年ごろのACGモデル「エアテラ」からヒントを得たカラーと生地を応用したことだ。

限定300足の生産で、イギリスのSize?の店舗だけで販売された。リリース当時から入手困難で、今もコレクター価値が高い。

シューズデータ

エディション
Size? 限定

パック
'Lunar Air 180'

発売年
2010年

オリジナル用途
ランニング

テクノロジー
ルナロン、エア180、
ノーソー製法、
トーチ

127

NIKE AIR FORCE 180 x UNION
ナイキ エアフォース180 × ユニオン

エアフォース180、アフリカのサファリへ行く

　ナイキ史上、最も記憶に残るコレクションのひとつが、2005年と2006年にリリースされた。「クラークス」にはスニーカーコラボレーションの傑作が含まれる。

　このパックのために、世界中の最も影響力あるショップの店長が、ナイキのクラシックのリワークに招かれた。ロサンゼルスのStüssy (ステューシー)、Undefeated (アンディフィーテッド)、Union (ユニオン) が第1弾のデザインを担当した。

　Unionが選んだのは「エアフォース180」だった。サファリ柄、白からピンクのグラデーション、イエロー／ブルー／グレーのタンは、紙の上ではあまりピンとこなかったかもしれないが、クリス・ギブスが90年代のバスケットシューズのシルエットにこのカラーリングを合わせてみると、誰もが欲しくてたまらなくなるスニーカーに仕上がった。

シューズデータ

エディション
Union

パック
'Clerks'

発売年
2005年

オリジナル用途
バスケットボール

テクノロジー
エア180、
フック・アンド・ループ・
アンクルストラップ

NIKE AIR MAX 97 360
x UNION 'ONE TIME ONLY'

ナイキ エアマックス 97 360 × ユニオン「ワンタイムオンリー」

モデルの合併

　2006年、ナイキは「エアマックス360」を発表した。360度のエアソールユニットを搭載した自慢のモデルだ。その新しいソールの開発を記念して、「ワンタイムオンリー（一度かぎり）」シリーズがリリースされた。「エアマックス」とのハイブリッドモデル4デザインで構成され、すべてに360エアソールユニットが搭載されている。

　ナイキの"クラークス"パックの仕掛け人で、今回のプロジェクトを支えるブレーンでもあったリチャード・クラークとジェシー・レイヴァは、この新しいハイブリッドモデルに彼らのお気に入りの"クラークス"の4色を選んだ。

　Unionが「エアフォース180」で使った素晴らしいカラーリングは、つねに成功への方程式で、この「エアマックス97 360」のティアゼロ版でも見事にその役割を果たした。

シューズデータ

エディション
Union —Tier Zero

パック
'One Time Only'

発売年
2006年

オリジナル用途
ランニング

テクノロジー
マックスエア、
ギリーレーシング

NIKE AIR BURST x SLIM SHADY
ナイキ エアバースト × スリム・シェイディ

シェイディがスニーカーシーンに乱入

　2003年、ナイキは「アーティストシリーズ」を立ち上げ、さまざまな分野のアーティストとのコラボレーションを開始した。スリム・シェイディ、N.E.R.D.、ハル・ベリー、スタッシュなどが参加し、それぞれが自分の好みのモデルのリワークに取り組む機会を得た。

　なかでもとくに記憶に残るスニーカーとなったのは、エミネムがデザインした「スリム・シェイディ エアバースト」だ。グレーのスエードとメッシュのアッパーに、レザーのアクセントが施され、タンには「Air Slim Shady」のロゴが入っている。レースジュエルとインソールには「E」の文字が刻まれ、半透明のガムソールにはシェイディレコードのロゴが入っている。

　このモデルの収益はすべてマーシャル・マザーズ基金に寄付された。全米の恵まれない子どもたちのために活動する組織に資金を提供している団体だ。

シューズデータ

エディション
Slim Shady

パック
'Artist Series'

発売年
2003年

オリジナル用途
ランニング

テクノロジー
マックスエア

シューズデータ	
エディション	Slim Shady
パック	'Eminem Charity Series'
発売年	2006年
オリジナル用途	ランニング
テクノロジー	マックスエア
付属品	正規品証明書

131

NIKE AIR MAX 1 x SLIM SHADY
ナイキ エアマックス1 × スリム・シェイディ

スリム・シェイディの本物のサイン入りモデル

「アーティストシリーズ」でナイキと組んだエミネムは、2006年に再びコラボ企画に参加し、マーシャル・マザーズ基金のための資金集めをした。

彼は一連の「エアマックス」シリーズに取り組んだ。エアマックス1 (87)、90、180、93、95、97、2003とエアマックス360で、このすべてはナイキタウン・ロンドン、ナイキ・ベルリン、イーベイのオークションを通して販売された。1モデルにつき8足の限定生産で、「エアマックス1」は1足だけがナイキタウン・ロンドンで販売され、残りの7足はイーベイで売られた。スリム・シェイディの直筆サイン入りで、D12のメンバーのビッグプルーフ（2006年に死去）のグラフィックもプリントされている。

8足のそれぞれにシリアルナンバーが入り、マーシャル・マザーズ基金の証明書つきで販売された。

NIKE AIR STAB x FOOTPATROL

蘇生の試み (スタッブ)

「エアスタブ」は1988年のリリース後、ほとんど見かけることがなくなっていた。その後、ロンドンのスニーカーショップ「Footpatrol（フットパトロール）」がナイキとチームと組み、このランニングクラシックのリワークに取り組んだ。

2005年の第1弾はブラック、パープル、ライトブルーにイエローのアクセントを加えたアッパーで、見事に成功した。ロンドンの交通機関の椅子のカラーをイメージしたもののように見える。

当初はロンドンのFootpatrolだけの限定販売だったが、その後、世界中のクイックストライクラインを扱う店舗でも販売され、ファンたちを安心させた。

ナイキ エアスタブ × フットパトロール

数カ月後、第2弾のFootpatrol版がクイックストライクの店舗でリリースされた。こちらはメープルシロップカラーが基調となり、第1弾と同じイエローとライトブルーがアクセントに使われている。

Tシャツとステッカー入りのパックも作られ、「エアスタブ」の人気シリーズが完成した。

シューズデータ

エディション
Quickstrike

発売年
2005年

オリジナル用途
ランニング

テクノロジー
ビジブルエア、フットブリッジ

付属品
マグ、替えひも2対、Tシャツ、ステッカー、一部のボックスは「Stab」の代わりに「Stabb」となっている。

NIKE AIR STAB x HITOMI YOKOYAMA

ナイキ エアスタブ × ヒトミ・ヨコヤマ

シューズデータ

エディション
'Air You Breathe'

発売年
2006年

オリジナル用途
ランニング

テクノロジー
ビジブルエア、フットブリッジ

付属品
ウィンドブレーカー、Tシャツ

ヨコヤマが帽子からウサギを取り出した

クイックストライクの "Air You Breathe（あなたが呼吸する空気）" プロジェクトは、3人のアーティストとのコラボレーションで進められた。ケヴィン・ライオンズ、ベン・ドルーリー、ヒトミ・ヨコヤマだ。いずれも「エア」をテーマにデザインされ、それぞれのモデルにTシャツ、ウィンドブレーカー、スニーカーがパッケージされた。

イギリスを活動の拠点とするヒトミ・ヨコヤマは、ストリートウェアレーベルのGimme 5（ギミーファイブ）やGOODENOUGH（グッドイナフ）との仕事で知られる。この「エアスタブ」ではパープルの色合いに選んだ。

このモデルには彼女が敏捷性と俊足をイメージして取り入れた特注のウサギのアイコンもプリントされている。ヒールタブにウサギの足が見え、アッパーの斬新なカラーブロッキングがぱっと目を引き印象に残る。

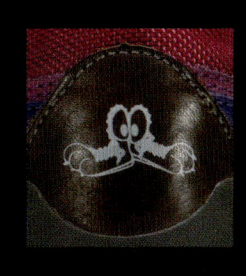

133

NIKE AIR CLASSIC BW & AIR MAX 95 x STASH
ナイキ エアクラシック BW & エアマックス 95 × スタッシュ

ナイキとスタッシュの衝突(クラッシュ)──ぼくたちは忘れない

　Stash（スタッシュ）は2003年の「アーティストシリーズ」で最初にナイキとコラボを組んだアーティストのひとり。「エアクラシックBW」は急成長するスニーカー文化を決定づける瞬間になった。

　アッパーの素材はナイキのACGラインからインスピレーションを得て防水のクライマFITを使い、プレミアムレザーとヌバックのパネルと組み合わせている。スウォッシュにはリサイクルのラバーを使った。各1000足の限定生産で、それぞれにシリアルナンバーがついている。タンにはStashのサインのロゴが入り、インソールには彼のアートワークがプリントされている。

　複数のブルーの組み合わせは、2006年の「ブルーパック」コレクションでも繰り返された。これは「エアマックス95」と「エアフォース1」（p.136）で構成されたシリーズで、どちらも同じカラーと素材で作られた。生産数は2000足ほど。

134

シューズデータ

エディション
Stash

パック
'Artist Series'

発売年
2003年

オリジナル用途
ランニング

テクノロジー
マックスエア、クライマFIT

付属品
ハングタグ、スライド式ボックス

シューズデータ

エディション
Stash

パック
'Blue Pack'

発売年
2006年

オリジナル用途
ランニング

テクノロジー
マックスエア

NIKE AIR FORCE II x ESPO
ナイキ エアフォースⅡ × エスポ

クリア素材の本家

　90年代のフィラデルフィアとニューヨークでグラフィティアーティストとして有名になったスティーヴ・パワーズ、別名ESPO（エスポ、Exterior Surface Painting Outreach）は、建物、ビルボード、店舗シャッターに自分のマークを残すことで有名だった。何もなかった場所、あるいは別の誰かが描いたものを覆うように描かれ、通常は黒と白のESPOの文字だった。

　ESPOデザインの「エアフォースⅡ」は、アッパーに透明のパネルを使った初のスニーカーだ。反射素材の3Mパネルも用い、ヒールとインソールにはESPOのアートがプリントされている。スニーカーと一緒に履く特製ソックスもついていた。売り上げは彼が選んだ慈善団体「God's love We Deliver（神の愛を届ける）」に寄付された。病気の人たちに食事を提供している団体だ。

シューズデータ

エディション
ESPO

パック
'Artist Series'

発売年
2004年

オリジナル用途
バスケットボール

テクノロジー
エア、ギリー
レーシング

付属品
ソックス、ハングタグ

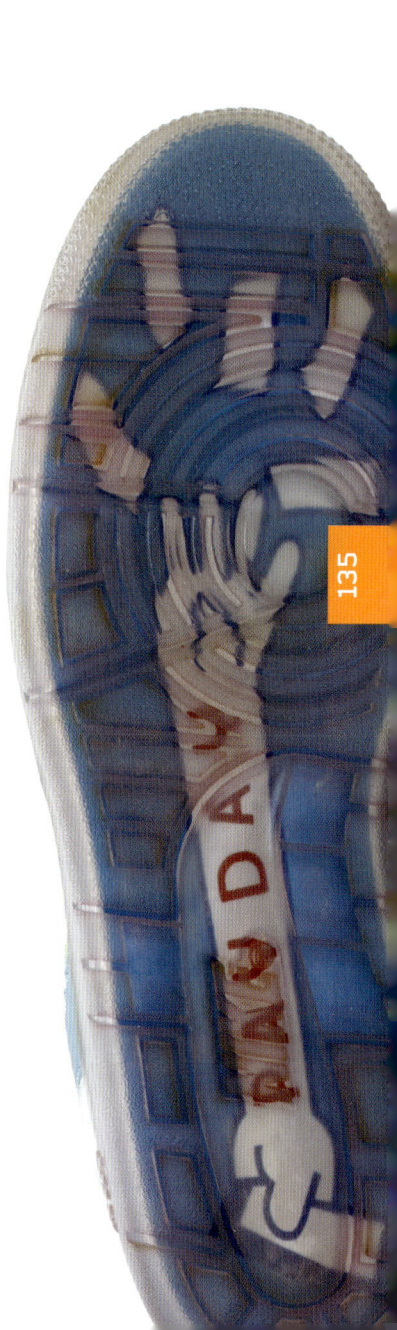

135

NIKE AIR FORCE 1 LIMITED EDITION AND COLLABORATIVE MODELS

ナイキ エアフォース1 限定版とコラボモデル

あなどれない力(チカラ)

「エアフォース1」の限定コラボモデルのいくつかは、前作『コレクターズガイド』で紹介した。ナイキを代表するモデルとしても評価されているものだ。それ以来、限定版とコラボモデルが次々とリリースされてきた。

25周年と30周年のアニバーサリーを祝った「エアフォース1」は、さまざまな新しいテクノロジー、素材、カラーリングで手直しがなされ、カスタムデザインが可能なNIKEiD(ナイキ・アイディー)でも人気が出た。しかし、多くのファンにとって、ホワイト・オン・ホワイトを超えるデザインはない。ちょっとした工夫を加えたもの、たとえば、これ以上はないというほどシンプルなワンピースの2005年版(右ページのno.3)などが試みられたことはある。「エアフォース1」のベスト・オブ・ベストを紹介しよう。

1. AF-Xミッド × スタッシュ/リーコン
2. エアフォース1 シュプリーム × クエスト・ラヴ
3. エアフォース1 LTD「ワンピース」
4. エアフォース1' 03 × ハフ「ハフクエイク」
5. AF-Xミッド × スタッシュ/リーコン
6. エアフォース1 シュプリーム × エーライフ・リヴィントンクラブ
7. エアフォース1 シュプリーム × クリンク(ハイパーストライク)
8. エアフォース1 ラックス'07「クロコダイル」
9. エアフォース1 LA' 03 × ミスター・カートゥーン(クイックストライク)
10. エアフォース1「イヤー・オブ・ザ・ドッグ」(ティアゼロ)
11. エアフォース1 プレミアム × スタッシュ
12. エアフォース1 シュプリーム × クリンク
13. エアフォース1 シュプリーム マックスエア × ナイトレイド
14. エアフォース1 × リブストロング × ミスター・カートゥーン(ティアゼロ)
15. エアフォース1 × HTM「クロック」
16. エアフォース1 ラックス マックスエア「パールコレクション」
17. エアフォース1 シュプリーム「イヤー・オブ・ザ・ラビット」
18. エアフォース1 プレミアム「インビジブルウーマン」
19. エアフォース1 × ミスター・カートゥーン「ブラウンプライド」
20. エアフォース1 ハイプレミアム × ポピート「マカロニチーズ」

136

137

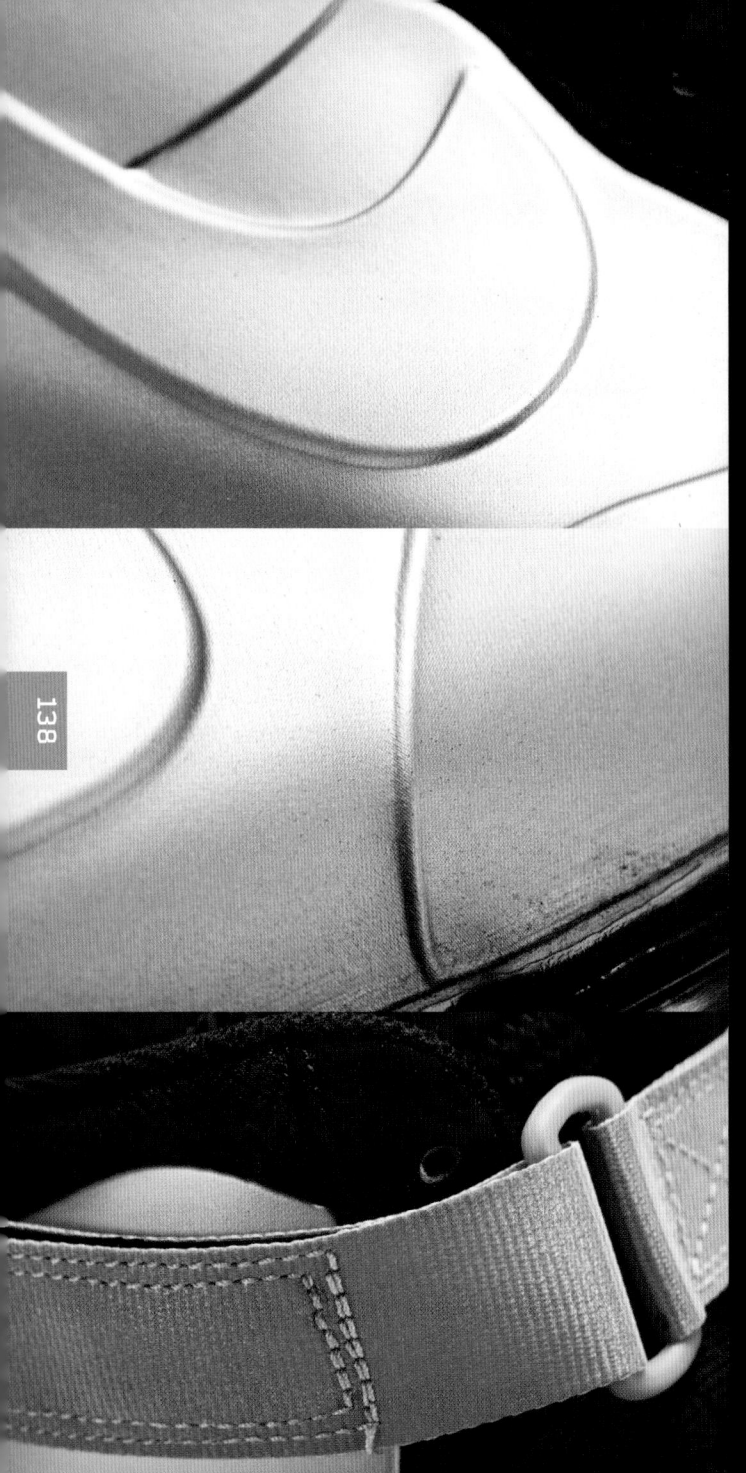

NIKE AIR FORCE 1
FOAMPOSITE 'TIER ZERO'

ナイキ エアフォース1 フォームポジット「ティアゼロ」

エアフォースと
フォームポジットの合体

初リリースから30年の間に「エアフォース1」は数々の変化を経験してきた。しかし、フォームポジットとの融合ほど大きな変化は少ないだろう。

このモデルではテクノロジー面での大改革を施し、ナイキの2つの革新的なシューズをぶつけ合って作った。古いモデルと新しいものを結びつけたのだ。

フォームポジットのテクノロジーは「エアフォース1」を作るために必要な素材の層の数を減らした。それによって全体の軽量化を実現し、アッパーの保護力が高まり、パフォーマンス性能、耐久性、サポート力もアップした。

シームレスのメタリックシルバーのデザインと半透明のソールが未来のシューズのイメージを与える。それを可能にしたのが革新的なフォームポジットの成形加工だ。

このエディションは2010年8月のワールド・バスケットボール・フェスティバルの週末にリリースされた。

シューズデータ

エディション
Foamposite 'Tier Zero'

発売年
2010年

オリジナル用途
バスケットボール

テクノロジー
エア、フォームポジット、フック・アンド・ループ・アンクルストラップ

NIKE AIR FOAMPOSITE ONE 'GALAXY'
ナイキ エア フォームポジットワン「ギャラクシー」

まさに宇宙的

バスケットボール界のスター選手、"ペニー"・ハーダウェイのためにデザインされたナイキを代表するスニーカー「フォームポジット」は、1997年にリリースされたときにはほとんど注意を引かなかった。おそらく時代を先取りしすぎていたのだろう。人を振り向かせるような画期的なテクノロジーも当時は受けが悪かった。

2012年、ペニーがNBAのオールスター・セレブリティ・ゲームでプレーするためにオーランドに戻るのを記念して、ナイキは今では有名な「ギャラクシー」のカラーで、わずかな数の「フォームポジット」をリリースした。

どの店舗にも、220ドルのスニーカーを買うために500人ほどの客が集まった。整然と並んでいた人たちが夜を明かすうちに騒ぎ出し、警察が介入するほどだった。

銀河系をテーマにした、夜間に光る未来的なスニーカーは、すぐにクラシックとなり、スニーカーのオークションサイトではつねに注目の的だ。

シューズデータ

エディション
'Galaxy'

発売年
2012年

オリジナル用途
バスケットボール

テクノロジー
エア、フォームポジット

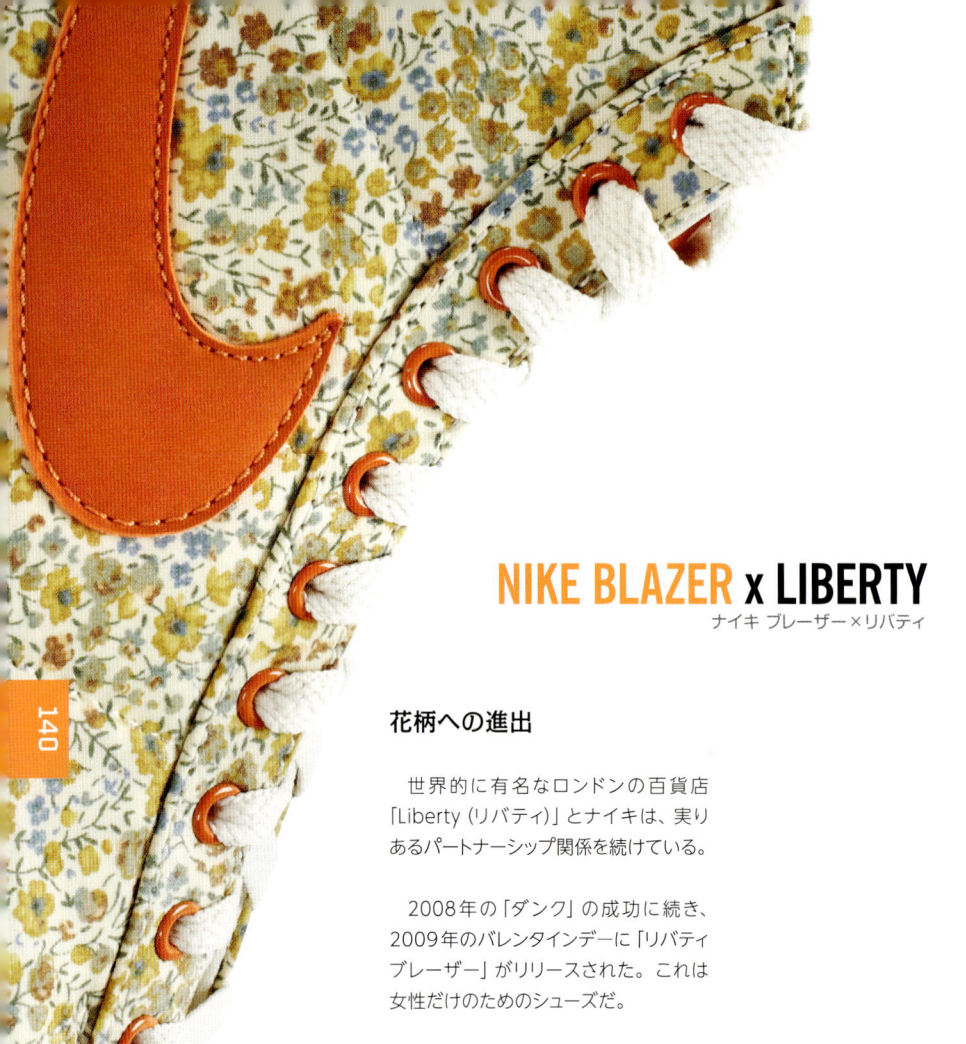

NIKE BLAZER x LIBERTY
ナイキ ブレーザー×リバティ

花柄への進出

　世界的に有名なロンドンの百貨店「Liberty (リバティ)」とナイキは、実りあるパートナーシップ関係を続けている。

　2008年の「ダンク」の成功に続き、2009年のバレンタインデーに「リバティ ブレーザー」がリリースされた。これは女性だけのためのシューズだ。

　ナイキは70年代初めに最初に作ったバスケットボールシューズ「ブレーザー」に、Libertyを象徴する生地を使った。全体が"フィービー"の名前で知られる花柄で覆われ、ずっと無地が使われていたすっきりしたモデルが驚くほど華やかになった。

シューズデータ

エディション
Liberty

発売年
2009年

オリジナル用途
バスケットボール

テクノロジー
バルカナイズドソール、
ヘリンボーンソール

NIKE SB BLAZER x SUPREME
ナイキ SB ブレーザー × シュプリーム

シューズデータ

エディション
Supreme

発売年
2006年

オリジナル用途
スケートボード

テクノロジー
バルカナイズドソール、
ヘリンボーンソール、
ズームエア

付属品
替えひも2対

不変の輝き

「ブレーザー」は発売からもう40年以上になるが、今も変わらずワードローブの必需品だ。ナイキはカリスマ的なショップ「Supreme（シュプリーム）」とチームを組み、「SBブレーザー」の新たな解釈を試みた。バスケットボールシューズとして生まれた初代とは異なり、カラー周りとタンにパッドを加えてスケートボード用シューズにしたものだ。ズームエアのインソールも加えた。

カラーはレッド、ブラック、ホワイトの3色で、それぞれにグレーのパイソン柄のスウォッシュを合わせている。ヒールにはグッチをイメージしたキャンバス地のリボンとゴールドのメタルのD型リングをあしらった。キルトレザーのアッパーが全体の高級感を高めている。

発売日の前夜にはSupremeの店の前でファンがキャンプしていた。今も人気は変わらない。

NIKE VANDAL x APARTMENT STORE 'BERLIN'

ナイキ バンダル × アパートメントストア「ベルリン」

シューズデータ

エディション
Hyperstrike

パック
Apartment Store 'Berlin'

発売年
2003年

オリジナル用途
バスケットボール

テクノロジー
フック・アンド・ループ・
アンクルストラップ、
ピボットポイント

ベルリンをアピール

ベルリンの「Apartment (アパートメント)」は、ナイキの新商品がリリースされる店として有名なわけではない。しかし2003年、当時はまだアングラのハイファッションショップだったこの店が、「ハイパーストライク バンダル」をごく少数だけ作った。

24足が友人と家族、たまたま通りかかった人たちに配られただけで、スニーカー市場に出回ることはめったにない。この本の制作中に、ある人気のオークションサイトに5000ドルの既決価格で出品されていた。

80年代のデザインが、ナイロンのキャンバス地に「OGバンダル」スタイルのカラーで、生き生きとよみがえった。ブラック／グレー／ホットピンクというバンダルでは一度も見たことがなかったカラーが採用されている。

ディテールとしては、ヒールのベルリンテレビ塔の刺繍、ヒールタブの「Berlin」の文字、タンの裏側にある「アパートメント」のラベルなどがある。

NIKE VANDAL SUPREME
'TEAR AWAY' x GEOFF McFETRIDGE

ナイキ バンダル シュプリーム 「テアアウェイ」
× ジェフ・マクフェトリッジ

バンダル──美しいものを破壊する人

ロサンゼルスを拠点とするアーティストのジェフ・マクフェトリッジは、文字どおり「バンダル」というモデル名をテーマにしたアレンジを考えた。

購入したばかりのときは、このスニーカーは洗い立てで非の打ちどころがないように見える。ピンストライプのコットンとテープを使った縫い合わせ部分もバランスがいい。

ところが、コットンのキャンバス地が擦り切れてくると、あるいは傷つくと、ジェフのグラフィックアートが露わになる。「I just can't stop destroying (破壊を止められない)」の文字が現れるのだ。

下地の白とシルバーのグラフィックプリントがヒールタブの上のジェフ・マクフェトリッジの「歯」のエンブレムとよく合っている。

白とオリーブグリーンのバージョンもある。

シューズデータ

エディション
Geoff McFetridge

発売年
2003年

オリジナル用途
バスケットボール

テクノロジー
フック・アンド・ループ・アンクルストラップ、ピボットポイント

付属品
替えひも

NIKE TENNIS CLASSIC AC TZ
'MUSEUM' x CLOT

ナイキ テニスクラシック AC TZ
「ミュージアム」× クロット

クロットの未来のクラシック

このコラボのために、香港のCLOT (クロット) はテニスクラシックのシンプルですっきりしたラインをヴィンテージの象徴とみなし、現在を未来にとってのヴィンテージにするデザインを考えた。今から50年後に博物館に展示されるスニーカーを思い描いてデザイン。それは、パッケージと全体のコンセプトにも表れている。

未来的なメタリックシルバーのアッパーを使い、アクセントには中国の運色である赤を使った。CLOTのエディソン・チェンは、チームメンバーためにシリアルナンバー入りのペア手でやすりをかけ、ユニークな"履きし感"を出した。中国の伝統的な宝風のボックス入りで販売。紙やすり1枚付いている。

シューズデータ

エディション
Tier Zero

パック
CLOT 'Museum'

発売年
2012年

オリジナル用途
テニス

テクノロジー
ヘリンボーンソール

付属品
中国の宝箱風ボックス、
サンドペーパー

シューズデータ

エディション
Tier Zero

パック
Wood Wood

発売年
2009年

オリジナル用途
アウトドアランニング

テクノロジー
イオンマスク、ルナロン、ダイナミックサポート、ナイキ＋

NIKE LUNARWOOD+
x WOOD WOOD
ナイキ ルナウッド＋ × ウッドウッド

ワイルドでいこう

　スカンジナビアのショップ「Wood Wood（ウッドウッド）」がデザインした「ルナウッド」は、アウトドアスタイルの「ワイルドウッド」のアップデート版で、都市での街歩き向けのもの。革命的なルナロンのクッショニングと「ダイナミックサポート」テクノロジーを併用している。

　Wood Woodは、アウトドアクラシックのACGのシルエットを現在の都市環境に適応させる一方、このシューズが好まれたそもそもの特徴も忘れていない。アッパーには防水加工のイオンマスク技術を取り入れてシューズをドライで快適に保ち、ルナロンのソールユニットは理想的な軽量のクッションで、すばやいダイナミックな動きに対応しやすくした。さらにディテールとして、左のヒールの大胆な「WW」のレタリングとソックライナーの月食を描いたグラフィックがある。これは夜の"爆撃"（グラフィティ）をイメージしたものだ。

　ACGクラシックを現代的に解釈し、滑らかですっきりしたモデルに進化させたこのモデルは、ティアゼロ店舗で限定数が販売された。

NIKE DUNK EDITIONS
ナイキ ダンク エディションズ

ダンクの違い

　1985年の発売以来、「ダンク」のシルエットはハイカットもローカットも数多くのコラボレーションのベースとなってきた。

　N.E.R.D.（ヒップホップ・ロックグループ）のファンはファレル・ウィリアムズの「アーティストシリーズ・ダンク」に憧れた。ハイカットは滑らかな黒のレプタイル風のアッパーに赤の靴ひもを合わせ、シリアルナンバー入りの1050足が作られた。オンラインで見つかった1足だけの貴重なサンプル品は、蛇革のアッパーで「0000／1050」のラベルがついていた。

　Undefeated（アンディフィーテッド）の2002年のローカットは、予想外のカラーの選択とユニークなスプラッター柄で注目を集めた。ハイパーストライク版が24足作られただけで、どれも一般販売はされなかった。別色の2種類のデザインは広く流通した。

　エリック・ヘイズ（ニューヨークの伝説のグラフィックアーティスト兼デザイナーで、作品にはパブリック・エナミーやMTVのロゴもある）がデザインした2003年の「プレミアムヘイズ」は、ぼかし効果が特徴だ。1000足の限定生産で大きな注目を集めた。

シューズデータ

エディション
Pharrell Williams

パック
'Artist Series'

発売年
2004年

オリジナル用途
バスケットボール

テクノロジー
ピボットポイント

シューズデータ

エディション
Haze

発売年
2003年

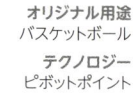

オリジナル用途
バスケットボール

テクノロジー
ピボットポイント

シューズデータ

エディション
Hyperstrike

パック
'Undefeated'

発売年
2002年

オリジナル用途
バスケットボール

テクノロジー
ピボットポイント

NIKE DUNK SB EDITIONS
ナイキ ダンク SB エディションズ

アリウープからオーリーへ

2002年以降、ナイキSBは「ダンクプロSB」のコラボ版を大量に送り出してきた。その多くはスポンサーを務める「ナイキプロ」のスケートボーダーやスケートボード関連ブランド、アーティストと提携したものだ。

オリジナルのバスケットシューズからスケート版への進化の決め手はクッショニングで、ズームエアのインソールがスニーカーに内蔵された。

アンクルカラーとタンのクッショニングも強調され、伸縮性のあるストラップで調節できる。

"ダンクル"が生まれるきっかけは、イギリスのレコードレーベル「Mo' Wax（モーワックス）」からリリースされたU.N.K.L.E.のセカンドアルバム『Never, Never, Land』だった。このときにMo' Waxのアートディレクター、ベン・ドルーリーとウィル・バンクヘッドがアルバムのカバーに使ったフューチュラ（グラフィティアーティスト）のデザインを、スニーカーに反映させたのだ。その後、このモデルは"U.N.K.L.E.ダンクル"の愛称で呼ばれるようになった。

ストリートアーティストのPushead（パスヘッド）も、ダンクSB用のパッケージを考案している。彼のアートがデザインに使われた「ダンク」、特製ボックスとハングタグで構成され、誰もが欲しがるシューズになった。

シューズデータ

エディション
'U.N.K.L.E.DUNKLE'

パック
Nike SB

発売年
2004年

オリジナル用途
スケートボード

テクノロジー
ズームエア、ピボットポイント

シューズデータ

エディション
Pushead

パック
Nike SB

発売年
2005年

オリジナル用途
スケートボード

テクノロジー
ズームエア、ピボットポイント

NIKE DUNK PRO SB WHAT THE DUNK

ナイキ ダンクプロSB ホワット・ザ・ダンク

フランケンダンク──は生きている！

　2002年以降、ナイキは「ダンクSB」の再リリースなしの限定版を次々と送り出し成功させてきた。その達成を記念して作られたのがこの「What The Dunk」モデルだ。これまでリリースされた「ダンクSB」のすべてからピースやパネルを選び出し、その要素をフランケンシュタイン方式でつなぎ合わせたものだ。

　2007年にごく少数作られたこの限定版のリリースは、映画『Nothing But the Truth』の公開と時期を合わせた。製作に3年をかけて完成させた映画だ。本書でもこの手の込んだモデルを解剖し、分解し、使われたダンクを集めて写真を撮り、それぞれの要素を目で見える形にしたが残念ながら、非常に数が少ない「メディコムI、II、III」など、いくつかのダンクは入手できなかった。

　ひとつの写真で多くのダンクSBを並べて見せるのは優れた方法だ。2つで優劣を決めるのはほとんど不可能に近いのだから。

　ここに集めた「ダンク」はどれも希少なモデルで、さまざまな理由から欲しくてたまらなくなるものばかりだ。名前は必ずしもコラボのパートナーを反映したものではなく、そのシューズがどこからインスピレーションを得たか、あるいはどう認識されるかを表したものが多い。

148

シューズデータ

エディション
What The Dunk

パック
Nike SB

発売年
2007年

オリジナル用途
スケートボード

テクノロジー
ズームエア、ピボットポイント

左ページ（左上から時計回りに）

Dunk Low Pro SB 'Paris' —2003
Dunk Low Pro SB 'Heineken' —2003
Dunk Low Pro SB 'Avengers' —2005
Dunk Low Pro SB 'Shanghai' —2004
Dunk High Pro SB 'Lucky 7' —2004
Dunk High Pro SB 'Sea Crystal' —2004
Dunk Low Pro SB 'Raygun' —2005
Dunk High Pro SB × Supreme —2003
Dunk Low Pro SB 'Cali' —2004
Dunk High Pro SB 'Unlucky 13' —2004
Dunk Low Pro SB × Supreme —2002
Dunk Low Pro SB 'Red Hemp' —2004
Dunk Low Pro SB 'Blue Hemp' —2004
Dunk High Pro SB × Supreme —2003

右ページ（左上から時計回りに）

Dunk High Pro SB×Supreme —2003
Dunk Low Pro SB 'Jedi' —2004
Dunk Low Pro SB 'Tiffany' —2005
Dunk Low Pro SB 'Carhartt' —2004
Dunk High Pro SB 'T-19' —2005
Dunk Low Pro SB 'London' —2004
Dunk Low Pro SB 'Tweed' —2004
Dunk Low Pro SB 'Bison' —2003
Dunk High Pro SB 'De La Soul' —2005
Dunk High Pro SB 'Lucky 7' —2004
Dunk Low Pro SB 'Oompa Loompa' —2005
Dunk High Pro SB×Huf —2004
Dunk Low Pro SB 'Shanghai II' —2005
Dunk Low Pro SB 'Pigeon' —2005
Dunk Low Pro SB 'Buck' —2003
Dunk High Pro SB 'Daniel Shimizu' —2004
Dunk Low Pro SB 'Reese Forbes' —2004

NIKE ZOOM BRUIN SB x SUPREME

ナイキ ズーム ブルーイン SB × シュプリーム

シューズデータ	
エディション	Supreme
発売年	2009年
オリジナル用途	スケートボード
テクノロジー	ズームエア、ヘリンボーンソール
付属品	キーリング、替えひも

ブルーインをSBに持ち込む

パッドとズームエアの内蔵化でスケートボード用に進化させた次のモデルは、1972年の「ブルーイン」だった。2009年、このナイキ初期のローカットバスケットボールシューズをスケートボード界に持ち込むため、Supreme（シュプリーム）が手を貸した。ナイキが「ブレーザーローSB」の後継モデルを探していたときのことだ。

カラーは4色。Supreme定番のカラーブロッキングを使うとともにオリジナルの「ブルーイン」にも敬意を払っている。オールブラック、レッド、グリーン、ホワイトに、同色のシューレースを合わせ、白のミッドソールでコントラストをつけた。ヒールの「Nike World Famous」のブランディングもよく目立ち、Supremeのロゴを思い出させる。メタリックのスウォッシュがオリジナルの"ブリング（きらきら）"のテーマを引き継いでいる。「World Famous」のキーリングが付属し、同色のツイルのジャケットも販売された。

シューズデータ
エディション Supreme
発売年 2008年
オリジナル用途 スケートボード
テクノロジー ズームエア、 フォアフットストラップ
付属品 替えひも、 野球のチームジャケット

NIKE AIR TRAINER II SB
x SUPREME

ナイキ エアトレーナーII SB × シュプリーム

クロストレーニングから
シュプリームスケーティングへ

　クロスアスリートの王様ボー・ジャクソンは、野球とアメフトの両方でオールスター入りを果たした初の選手だった。彼はクロストレーナー「エアトレーナー」の"Bo Knows"ラインのフロントマンでもあった。この系列のモデルのひとつが「エアトレーナーTW II」(TWはTotally Washable (水洗い可能)を意味した) で、先行モデルより軽量のローカット版だ。2008年、ナイキはSupremeと組んで、一度も再リリースされていなかったこのモデルをよみがえらせた。スケートボード用シューズとして一から「エアトレーナー」をデザインしなおしたものだ。

　カラーは4色あり、透明のアウトソールを通して底のSupremeのロゴが見える。以前の型や道具は残っていなかったため、ナイキのSBチームは「エアトレーナーIII」の断片をベースにした。その結果、構造の改善を達成するともに、オリジナルの運動性能を保つこともできた。ただし、スエードのパネルを使ったことで「完全に水洗い可能」ではなくなった。こうして出来上がったのが「エアトレーナーII SB」だ。

NIKE FLYKNIT x HTM
ナイキ フライニット×HTM

スーパーフライニット

ナイキの画期的な「フライニット」技術は、デザイナー3人組HTMの真骨頂だ。「ウーヴン」(p.110-111)をはじめ、ナイキの型破りのモデルの背景にはいつもこの3人がいた。HTMはフライニット技術に通じ、「ルナフライニット」と「フライニットトレーサー」を新たに解釈した多くのモデルを考案した。

この新時代のテクノロジーはランニング用スニーカーをより軽量にして、ランナーの負担を軽くすることを目指したものだ。加工されたニットが一枚の継ぎ目のない層を形成し、複数のパネルを縫い合わせる必要がなくなった。

このページの写真は2012年にHTMからリリースされた「ルナフライニット」シリーズの一部を集めたもの。2012年のオリンピックでアメリカの陸上チームがチームカラーに使った「フライニットトレーサー」も加えている（下段、左と右）。

それぞれがタンに「HTM」の文字が編み込まれた少数の限定生産で、シリアルナンバーつきのものもある。

シューズデータ

エディション
Tier Zero

パック
'HTM'

発売年
2012年

オリジナル用途
ランニング

テクノロジー
フライニット、フライワイヤー、ルナロン、ナイキ+

152

153

NIKE AIR YEEZY x KANYE WEST
ナイキ エアイージー × カニエ・ウェスト

テイク・イット・YEEZY（イージー）

　2009年、ナイキはグラミー賞受賞アーティストのカニエ・ウェストと組んで、ナイキ史上初のアスリート以外との提携によるシグネチャーシューズを作った。それが「エアイージー」だ。

　このシューズの発売で、スニーカー人気はかつてないほど爆発的に高まった。イギリスでのリリースは主要全国紙で取り上げられたほどだ。

　「イージー」は、フルグレインレザーのアッパーに、新たに作り直した「エアソールト」アウトソールを採用し、夜間に輝く反射素材も取り入れている。その他のディテールとして、パテントレザーのフォアフットサポートストラップのほか、プレミアムスエードのトウラップには「Y」、ヒールプルには「Yeezy」の文字がエンボスされている。

　カラーは3色で、「禅グレー」（左から2番目）、「ネット」（中央）、「ブラック＆ピンク」（右から2番目）がある。

　2012年にリリースされた「イージーII」は、ナイキを代表するクロストレーニングシューズを祝福するものだ。テニスシューズ「エアテックチャレンジII」のアウトソールをベースに、成形加工したフォアフットストラップを加えている。

　素材へのあくなき追求は、レザーとバリスティックナイロン、柔らかいヌバックを贅沢に組み合わせたアッパーにたどり着いた。

　古代エジプトのモチーフが全体にさりげなく盛り込まれている。タンにはホルス神、ループストラップには「YZY」を表すヒエログリフ文字があしらわれ、ねじ込み式のレース金具はオベリスクの形をしている。アイレットはアナコンダ（大蛇）の質感を出し、レザー製のトグルにはローマ数字の「II」が刻み込まれた。

　「エアイージーII」は、ブラック／ソーラーレッド（左端）、プラチナ／ソーラーレッド（右端）の2色がリリースされた。

シューズデータ

エディション
Quickstrike／NRG

パック
Air Yeezy／Air Yeezy II

発売年
2009／2012年

オリジナル用途
ライフスタイル

テクノロジー
エアイージー：ビジブルエア、フォアフットストラップ、ピボットポイント、パッド入りアンクルカラー
エアイージーII：ビジブルエア、フォアフットストラップ、ヘリンボーンソール、外付けヒールカウンター、トーチ

155

156

NIKE AIR MAG
ナイキ エアマグ

パーキンソン病の認知を広める
ための素晴らしい方法
（マグニフィスント）

　オリジナルはナイキの輝けるデザイナー、ティンカー・ハットフィールドが1989年にデザインしたモデル。この「エアマグ」は映画『バック・トゥ・ザ・フューチャーPart2』の中でマイケル・J・フォックス演じるマーティ・マクフライが履いていたモデルだ。この映画シリーズはどれも1985年を時代背景にしている。この映画のために、監督たちはティンカーにアプローチし、30年後に作られたように見えるスニーカーをデザインしてほしいと依頼した。

　映画の公開後、スニーカーファンから劇中のスニーカーを実際に製造してほしいという声が殺到し、5年をかけてオリジナルにできるだけ近い形のモデルが完成した。このプロジェクトはパーキンソン病への世間の認知を高めることを目的とし、マイケル・J・フォックス基金のための資金集めを兼ねていた。

　電子発光するアウトソールは寿命3000時間の充電式電池を動力とし、一度の充電で4時間発光を保つことができる。特製の段ボール製パッケージは開閉部分に磁石を取り付け、正規品の証明書、DVD、マニュアルとラペルピンがセットになっていた。

　オークションサイトのイーベイを通じて1500足が販売された。

シューズデータ

エディション
Air Mag

発売年
2011年

オリジナル用途
ディスプレイのみ

テクノロジー
電子発光、LEDパネル、エア、充電式

付属品
映像つきDVD、チラシ／マニュアル、正規品証明書、ラペルピン、特製ボックス

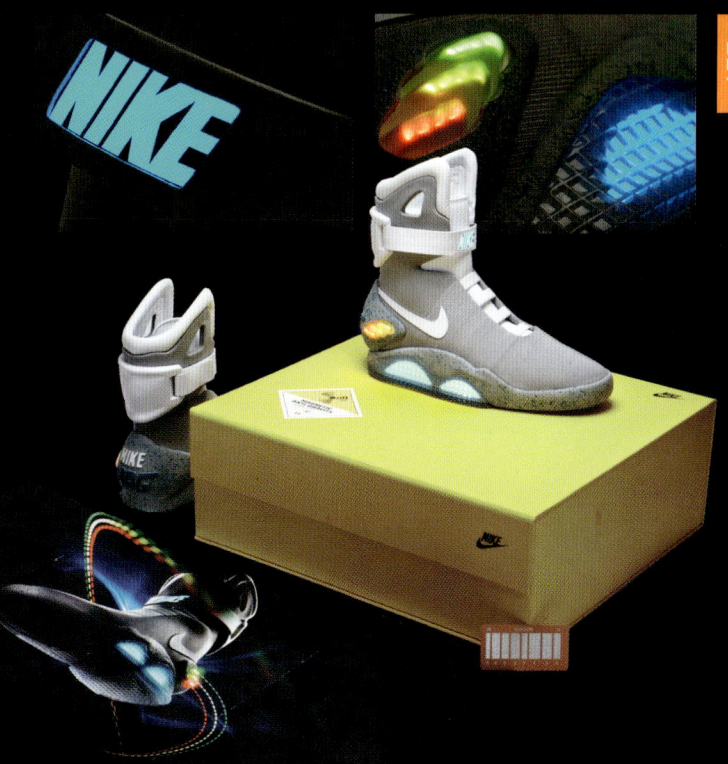

157

AIR JORDAN

エアジョーダン

ナイキのエアジョーダンについては、どこから話を始めるべきかがむずかしい。おそらく、スニーカーの歴史の中で最も重要なラインと言っていいだろう。

まず、新人バスケットボールプレイヤーとしてのマイケル・ジョーダンの登場。彼はバスケットボールというスポーツを永遠に変えた選手だった。それから、彼が"禁じられた" ブラック／レッドの「エアジョーダンI」を履いてコートに立ち罰金を科されたこと。映画監督スパイク・リーの伝説のCM「マーズ・ブラックモン (Mars Blackmon)」。そして、ティンカー・ハットフィールドがデザインした「エアジョーダンIII」が、マイケルにナイキとの契約を継続させるに十分なすばらしい出来だったこと。エアジョーダンはスニーカーとして優れているだけでなく、その背景のストーリーも同じくらい興味深い。

「エアジョーダン」ラインは現在、23モデルが存在し、バスケットボール以外のスポーツや、スポーツアパレルにも広がっている。その大きな成功のため、ナイキでは独立した部門となり、現在は「ジョーダンブランド」として知られている。

「エアジョーダン」は今もなおパフォーマンスシューズの代表格として君臨し、現在の契約選手には、クリス・ポールやカーメロ・アンソニー (p.163) などNBAのスーパースターたちに加えて、デレク・ジーターやジミー・ロリンズなど野球界のスターたちも名を連ねる。彼ら全員が"ジャンプマン"を代表する。

「エアジョーダンIII」や「エアジョーダンIV」など人気の初期モデルの復刻版がリリースされれば、相変わらず発売日にファンたちが店舗の前で列を作る。思い出のモデルをなつかしむ古くからのファンもいれば、その歴史とクラシックデザインに魅了された新しいファンもいる。

ジョーダンブランドは飛び抜けたコラボモデルや限定版を発表してきた。「エアジョーダンIII」「エアジョーダンIV」「エアジョーダンV」の新たなリリースは、限定版市場に熱狂を巻き起こす。"スパイジーク (Spiz'ike)"——スパイク・リーとマイケル・ジョーダン本人のコラボレーション——のような初期スニーカーのマッシュアップでさえ、瞬く間に人気が出た。

ジョーダンブランドは、今も変わらず時代の最先端のデザインを送り出している。そして、デイヴ・ホワイト (p.172) など有名アーティストたちとの継続的なコラボ企画のほかに、ドーレンベッカー小児科病院基金など慈善団体とのプロジェクトにも乗り出した。

興味深いのは「エアジョーダンBin23」コレクションで、選び抜かれたクラシックスニーカーにプレミアム素材を使ってリワークしたモデルのみを扱っている。

AIR JORDAN I RETRO HIGH STRAP
'SOLE TO SOLE'
エアジョーダン I レトロハイ ストラップ
「ソール・トゥ・ソール」

シューズデータ

エディション
'Sole to Sole'

発売年
2009年

オリジナル用途
バスケットボール

テクノロジー
エア、フック・アンド・ループ・アンクルストラップ、ピボットポイント

真夜中の略奪者

「エアジョーダンIハイストラップ」の限定版がリリースされることはめったにない。そのため、2009年にヒップホップグループのア・トライブ・コールド・クエストのアルバムジャケットからインスピレーションを得た限定版がほんのわずかな数だけリリースされたときには、驚くまでもなくヒット商品になった。

アッパーはエアジョーダンではめずらしく黒のキャンバス地を使い、これに黒のタンブルドレザーのパネルと黒のエナメルのスウォッシュで、質感のコントラストを出している。赤と緑のアクセントカラーはトライブの1993年のアルバム『ミッドナイト・マローダーズ』のジャケットデザインからとったもの。このモデルは入手困難で、ナイキの「アーバンアカウント」でしか買えなかった。

AIR JORDAN I RETRO HIGH
'25TH ANNIVERSARY'

エアジョーダンI レトロハイ「25周年アニバーサリー」

25周年スニーカー

　このレトロハイほど25周年を祝うのにふさわしいシューズがあるだろうか？ 2010年にリリースされたこのモデルのアッパーには、グレーのヌバックとメタリックシルバーのフォイルレザーを使い、タンのラベルには"23／25"の数字を組み合わせたロゴをあしらっている。

　特製ウレタンクッションを施したアルミスーツケース入りで販売され、ケースのハンドルのすぐ下にも"23／25"のグラフィックが入っている。世界中の限られたジョーダン提携店舗でのみ扱われた。

シューズデータ

エディション
'25th Anniversary'

発売年
2010年

オリジナル用途
バスケットボール

テクノロジー
エア、ピボットポイント

付属品
アルミケース

AIR JORDAN I RETRO HIGH
RUFF N TUFF 'QUAI 54'

エアジョーダンI レトロハイ ラフ・アンド・タフ「Quai 54」

レーザーブルーの エアジョーダン1が コートを走り回る

　2009年、ジョーダンブランドは毎年恒例の屋外バスケットボールトーナメント「Quai 54」を主催するためパリにやってきた。世界のトップ16チームが"Quai54 チャンピオンシップ"のトロフィー獲得を目指して競い合う大会だ。

　このイベントを記念して、ジョーダンブランドは"ラフ・アンド・タフ"コレクションの一部として「エアジョーダンI」と「ジョーダンエレメント」の限定版をリリースした。

　エアジョーダンIはしわ加工を施したレーザーブルーのアッパーに黒のスウォッシュとシューレースを合わせ、白のミッドソールには黒の斑点を入れた。さらに白のステッチでコントラストを出している。特製の「Quai54」のタンラベルと、ワイルドなプリント柄のライニングも特徴だ。ライニングの模様は透明のアウトソール越しにも見える。

シューズデータ

エディション
Ruff N Tuff 'Quai 54'

発売年
2009年

オリジナル用途
バスケットボール

テクノロジー
エア、ピボットポイント

シューズデータ

エディション
Carmelo Anthony Player Edition

発売年
2004年

オリジナル用途
バスケットボール

テクノロジー
エア、ピボットポイント、外付けヒールカウンター、ギリーレーシング

付属品
レトロカード

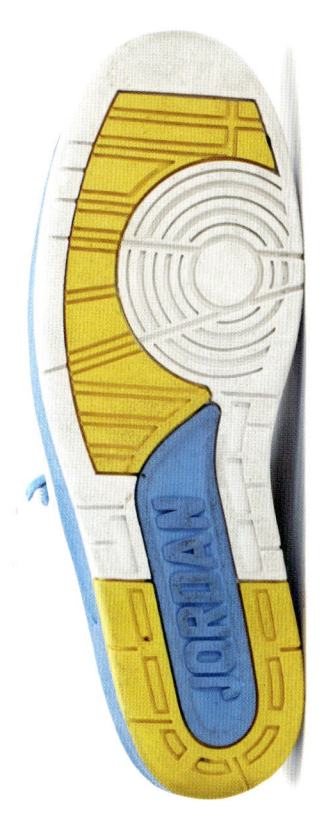

AIR JORDAN II 'CARMELO'
エアジョーダンII「カーメロ」

小さなナゲットが大きな宝石に

「エアジョーダンII」は、スウォッシュをまったく使っていない最初にして唯一のエアジョーダンだった。オリジナルのローカットは1986年の発売で、その後3種類のハイカット版が1987年に、ローカット／ハイカット両方のコレクションが1995年に発表された。

2004年、このモデルが再びカムバックを果たした。1年間に多くのバージョンが新たにリリースされ、なかでも際立っていたのが、ブランド大使を務めるカーメロ・アンソニーが所属するデンバー・ナゲッツのチームカラーを使ったものだ。

アッパーはペブルドレザーにオリジナルと同じフェイクのリザードスキンのパネルを使い、このモデルの遺産を継承している。幸運にもこの新モデルを扱うことができた店舗では、発売直後に売り切れた。現在、最もコレクター価値の高いエアジョーダンIIの1つになっている。

ブラック／ブルーの"アウェイ"のカラーと、ホワイト／レッド／ブルーの"2004年オリンピック"モデルがカーメロのために特注された。こちらは一般消費者の手には入らなかった。

AIR JORDAN III 'DO THE RIGHT THING'
エアジョーダンIII「ドゥ・ザ・ライト・シング」

バギン・アウトのジョーダン

ナイキは1980年代末から90年代初めにかけて放映されたエアジョーダンのCM（広告会社ワイデン+ケネディの制作）以来、映画監督のスパイク・リーとの関係が深い。このCMシリーズのため、リー本人が"マーズ・ブラックモン"のキャラクターを創り出した。

この「エアジョーダンIII」のコンセプトは、スパイク・リーの1989年の映画『ドゥ・ザ・ライト・シング』だ。登場人物のバギン・アウトが真っ白なエアジョーダンIVを汚されて怒りまくるシーンのおかげで、この映画はスニーカーヘッドたちの注目を集めた。映画のポスターのカラーがこのアメリカだけでリリースされた限定版に使われた。

鮮やかなブルーのスエードのアッパーにイエローのアクセント、派手なセメント柄で個性的なデザインに仕上がり、人気の限定版モデルになった。

シューズデータ

エディション
'Do the Right Thing'

発売年
2007年

オリジナル用途
バスケットボール

テクノロジー
ビジブルエア、ピボットポイント、外付けヒールカウンター、ギリーレーシング

AIR JORDAN III WHITE 'FLIP'

エアジョーダン III ホワイト「フリップ」

ひっくり返しても正解

シューズデータ

エディション
'Flip'

発売年
2006年

オリジナル用途
バスケットボール

テクノロジー
ビジブルエア、
ピボットポイント、
外付けヒールカウンター、
ギリーレーシング

「エアジョーダンIII」は、エアジョーダンのシグネチャーモデルの中ではとくに人気が高く、今もジョーダンモデルのファンの心をつかんで離さない。

エアジョーダンIIIは、ビジブルエアユニット、セメント柄、"ジャンプマン"のロゴを採用した初のジョーダンモデルだった。そして、さらなる注目を集めるきっかけになったのが、シカゴで開催された1988年の「オールスター・ウィークエンド」だ。スラムダンクコンテストに出場したマイケル・ジョーダンが、フリースローラインからダンクを決め、ドミニク・ウィルキンスに勝利してチャンピオンの座を守ったのだが、このときに履いていたのがエアジョーダンIIIだった。

2006年、ジョーダンブランドは少しばかりこのモデルに驚きを加えようと、1988年のオリジナルのホワイト／セメントのモデルに立ち戻り、パネルの配色を逆にした。すでによく知られたセメント柄を目立たせるために、通常はトウガードとヒールだけに使われていたこのプリントをパネルに使ったのである。

このリリースはブランドファンに人気だっただけでなく、ジョーダンブランドの目利きたちにとってもコレクションの必須アイテムになった。

AIR JORDAN IV
RETRO RARE AIR 'LASER'

エアジョーダンIV レトロ レア エア「レーザー」

最高のレーザーエッチング

1989年のブラック／セメントグレー版を基にしたデザインで、レザーのアッパーにレーザーエッチングを施し、赤いシューレースと3Mのバックパネルを加えている。

これは「エアジョーダンXX」に続き、2番目にレーザーエッチングを採用したジョーダンモデルだった。1989年の「エアジョーダンIV」のファイヤーレッドを使ったデザインもあり、同じようにレーザーエッチングを施している。

クイックストライクからリリースされたこのモデルは、ジョーダンブランドの限定店舗で扱われたが、あっという間に売り切れた。

シューズデータ

エディション
Rare Air

パック
'Laser'

発売年
2005年

オリジナル用途
バスケットボール

テクノロジー
ビジブルエア、レーザー、ヘリンボーンソール

AIR JORDAN IV
'MARS BLACKMON'

エアジョーダンIV「マーズ・ブラックモン」

ブラックモンのブランディングで大きな違い

映画監督のスパイク・リー演じるキャラクター"マーズ・ブラックモン"(1986年の映画『シーズ・ガッタ・ハヴ・イット』でリーが演じていたブルックリン住民の役名)は、ジョーダンブランドのファンの間では有名だ。彼はナイキのいくつかのモデルの広告にも登場した。1989年の「エアジョーダンIV」もその1つだ。

オリジナルの1989年のファイヤーレッド版の圧倒的な人気と、2005年リリースのレーザーエッチング版「レアエア」の成功のために、ジョーダンブランドは2006年、アンクルにマーズ・ブラックモンのブランディングを入れたバージョンをリリースした。できるだけオリジナルに忠実なつくりにしたもので、変わったのは、ヒールのナイキエアのロゴの代わりに"ジャンプマン"のロゴを使ったこと、トップとボトムのTPUアイレット、そしてもちろん、レーザーエッチングのマーズ・ブラックモンのロゴだけだ。

シューズデータ

エディション
'Mars Blackmon'

発売年
2006年

オリジナル用途
バスケットボール

テクノロジー
ビジブルエア、
レーザー

シューズデータ

エディション
Rare Air

パック
'Laser'

発売年
2007年

オリジナル用途
バスケットボール

テクノロジー
ビジブルエア、レーザー、ヘリンボーンソール、パッド入りアンクルサポート

付属品
レトロカード

シャープなシューター

　前作の「エアジョーダンIV レアエア "レーザー"」が発売直後から大ヒットしたことを受け、ジョーダンブランドは「エアジョーダンV」もこの "レーザー" シリーズに含めることにした。

　複雑なデザインのレーザーエッチングが白のアッパーによく映え、明るいオレンジのミッドソールにはグリーンのシャークティース（サメの歯）とメタリックの薄片が組み込まれている。タンには3Mが使われ、オレンジの "ジャンプマン" が装飾されている。

　インナーのライニングも同じオレンジとオリーブの配色でそれまでのエアジョーダンのデザインを踏襲し、このモデルのコンセプトを完成させている。

AIR JORDAN V RETRO RARE AIR 'LASER'
エアジョーダンV レトロ レア エア [レーザー]

AIR JORDAN V RETRO 'QUAI 54'
エアジョーダンV レトロ「Quai 54」

競争相手はいない

　Quai54はジョーダンブランドがスポンサーを務めるフランスのストリートボールトーナメント。ジョーダンブランドは毎年パリで開催されるこのイベントを記念して、限定版エアジョーダンをリリースしてきた。

　大会が回数を重ねるにつれ、Quai54バージョンのエアジョーダンモデルの数も増えた。「エアジョーダンI」(p.162)、「IV」、「IX」、「チームISO 2」などだ。なかには一般販売されなかったモデルもある。

　「エアジョーダンV」のQuai54版は、シンプルだが記憶に残るカラーを使っている。白のタンブルドレザーのアッパーに黒とグリーンのアクセント、ヒールパネルには"Quai54"のロゴが入り、黒のミッドソールと半透明のグリーンのアウトソールにも同じカラーを使っている。Footlocker Europe(フットロッカー・ヨーロッパ)とHouse Of Hoops(ハウス・オブ・フープス)のショップだけで販売され、あとは原宿のナイキストアでの抽選くじでのみ入手できた。

　ブラック／グリーン版も友人と家族向けに54足が作られた。

シューズデータ

エディション
'Quai 54'

発売年
2011年

オリジナル用途
バスケットボール

テクノロジー
ビジブルエア、
ヘリンボーンソール、
パッド入りアンクルサポート

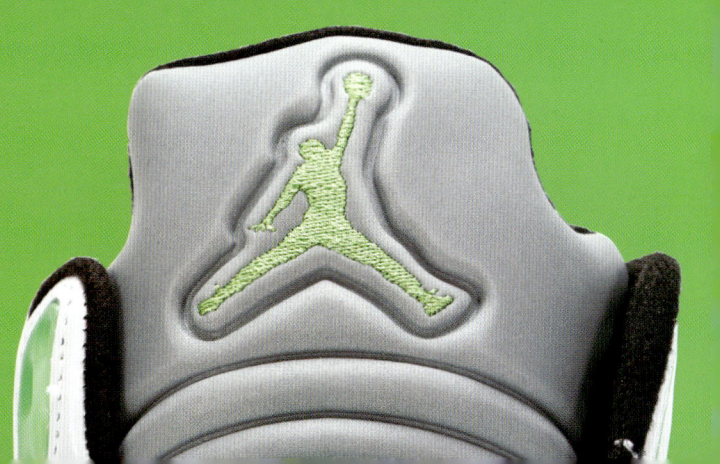

169

AIR JORDAN V
'GREEN BEANS'
エアジョーダンV「グリーンビーンズ」

シューズデータ

エディション
Green Beans

発売年
2006年

オリジナル用途
バスケットボール

テクノロジー
ビジブルエア、
ヘリンボーンソール、
パッド入りアンクルサポート

グリーンビーンズ：健康にいい

　オリジナルの「エアジョーダンV」をデザインしたティンカー・ハットフィールドは、マイケル・ジョーダンのプレースタイル──とくに彼が苦もなく敵を圧倒するところ──を第二次世界大戦当時の戦闘機ムスタングと重ね合せてイメージした。

　1990年の発売以来、エアジョーダンVは何度か新デザインがリリースされてきたが、"グリーンビーンズ"ほど記憶に残るモデルは少ない。エアジョーダンVのすべてのモデルのタンには3Mが使われているが、それをアッパー全体に拡大し、コントラストとしてグリーンのアクセントとトリムを加えた。このモデルはリリースされてすぐにクラシック入りを果した。

AIR JORDAN V T23 'JAPAN ONLY'
エアジョーダン V T23「ジャパンオンリー」

日本だけにお目見え

2011年5月、ジョーダンブランドとXBS（衣料ブランド「ナイトレイド」のディレクターで日本のヒップホップグループ「ニトロ・マイクロフォン・アンダーグラウンド」のメンバー）が、「ジョーダン東京23」のバスケットボールトーナメントを主催した。

このイベントを記念して、ジョーダンブランドは初の日本限定商品をリリースした。2枚のTシャツ、「ジョーダンCP3 IV」、ごく少数の「エアジョーダンV T23」から成るコレクションで、いずれもXBSと共同でデザインしたものだ。

V T23はアッパー全体にイエローのヌバックを使い、ヒールパネルに漢字の「東京」をイメージした文字が刺繍されている。アクセントの黒とグレーがあちこちに使われ、ミッドソールには斑点の入ったシャークティース（サメの歯）を加え、アウトソールには透明なラバーを採用した。

エアジョーダンのなかでもとくに希少価値が高く、需要の大きいモデル。

シューズデータ
エディション
T23
パック
"Japan Only"
発売年
2011年
オリジナル用途
バスケットボール
テクノロジー
ビジブルエア、
ヘリンボーンソール、
パッド入りアンクルサポート

AIR JORDAN I
'WINGS FOR THE FUTURE' x DAVE WHITE

エアジョーダンI「ウィングス・フォー・ザ・フューチャー」× デイヴ・ホワイト

はるか昔にさかのぼる愛情

　2011年、英国人アーティストのデイヴ・ホワイトとジョーダンブランドは、NBA「オールスター・ウィークエンド」の週末に合わせて、「エアジョーダンI」のコラボ版をリリースした。この極端に数が少ないコラボ版は、パネルに星条旗のモチーフを使い、レザーのトウボックスからデイヴの代名詞であるスプラッターをデザインしたサイドパネルまでは、ゴールドのグラデーションが延びる。ジョーダンの背番号に合わせて23足だけが作られた。Sole Collector (ソールコレクター) がオンラインオークションを行い、すべての利益はジョーダンブランドの慈善プログラム「WINGS for the Future (未来への翼)」に回された。

　1年後、このコンビは飢えたファンたちのために再び別バージョンをリリースした。何百人もが何としてでも1足手に入れようと店の前に列を成した。アバンギャルドなデザインの最大の特徴は、アッパーから完全にスウォッシュを取り去ったことだ。

　最終的なリリースまでに多くのサンプル版が作られ、デイヴ・ホワイトはレザー、ヌバック、3M、取り外し可能なスウォッシュ、アンクルパネルのバブルウィングなど、さまざまな素材とカラーを試した。

シューズデータ

エディション
Dave White

発売年
2011／2012年

オリジナル用途
バスケットボール

テクノロジー
エア、ピボットポイント

付属品
特製ボックス

173

PUMA

プーマ

　流線型の側面パネル "フォームストライプ" が特徴のこのブランドは、1948年、ルドルフ・ダスラーがドイツのヘルツォーゲンナウラッハで創業した。弟のアディ・ダスラーとの確執の末に2人が築いた兄弟商会は分裂し、アディのほうはアディダスを創業する。

　プーマはその歴史を通して、スポーツシューズとスポーツアパレルの世界的リーダーとして、ライフスタイルラインと本格的な高機能スポーツシューズラインの両方を扱ってきた。

　プーマのスニーカーを履く一流選手には、世界最速の男ウサイン・ボルトも含まれる。また、このブランドは30年間、ヒップホップやブレイクダンス文化の一部でもあった。「クライド／ステーツ／スエード」などのバスケットボールシューズは、今では象徴的なファッションアイテムとしての地位を築いている。

　都会のさまざまなサブカルチャーの文化的接点としての位置づけは、プーマをいつでも大衆の目に留まり、スポーツシューズ文化に欠かせない役割を担うブランドに成長させた。

　また、プーマは限定版市場の可能性にいち早く気づいたブランドでもあり、クラシックモデルのアーカイブを開き、新たな解釈を加えた圧倒的なデザインを次々と送り出してきた。音楽業界との結びつき

から必然的に生まれたパートナーシップ、たとえばYO! MTV Rapsとのコラボレーション (pp.178-179) は、ヒップホップ文化へのオマージュであり、クライド×Undefeatedの"スネークスキン"シリーズ (p.181) のようなスニーカー自体のストーリーを重視したモデルとともに成功を収めてきた。スエードクラシック×Shinzoの"ウサイン・ボルト"(p.182) などのモデルを見ると、このブランドがライフスタイルと高機能シューズを組み合わせ、最大限の効果を引き出していることがわかる。

現在、プーマの限定版は最上位ラインの「ザ・リスト」からリリースされている。

PUMA STATES
x SOLEBOX

プーマ ステート × ソールボックス

ステート・オブ・ジ・アート
最先端の機能拡張

ベルリンのショップ、Solebox (ソールボックス)はその10周年を記念し、3種類の限定版「ステート」をリリースして、プーマとの強い絆を形にした。

2007年の「クライド」での最初のコラボレーションを基に、スエードのアッパーとスネークスキンのフォームストライプなど、今回も同様のデザインを引き続き使っている。

このモデルの特徴的なディテールには、デュアルブランドのタンラベル、Solebox特製のレースジュエルとレースチップ、そして、デュアルブランドのラベルがついたレザーのレースポーチ (p.185のシャドーソサエティにも付いている) などがある。

3種とも100足の限定生産で、Soleboxの実店舗とオンラインショップだけで販売された。

シューズデータ

エディション
Solebox

パック
'Snakeskin States'

発売年
2013年

オリジナル用途
バスケットボール

付属品
レースジュエル、レザーのレースポーチ

PUMA CLYDE x MITA SNEAKERS

ブーマ クライド × ミタスニーカーズ

お金がものをいう

ウォルト・"クライド"・フレイジャーは、70年代のハードウッドコートを支配したプレイヤーの1人で、バスケットボール史に残るNBAの選手50人にも選ばれた。彼が自分のシグネチャーモデル「クライド」を手に入れたのも当然のことだろう。

プーマとチームを組んだ東京のミタスニーカーズは、このコラボ版でクライドの栄誉を称えるとともに、現在の拝金主義社会へのメッセージを込めたいと考えた。そこで、アッパーには柔らかい黒の豚革に、高品質で光沢のある1000ドル札のデジタルプリントを組み合わせた。真ん中の大統領の顔の部分にはクライドの顔が代わりに収まっている。

558足の限定生産で、世界のスニーカーショップ18店舗でリリースされた。

177

シューズデータ

エディション
Mita Sneakers

発売年
2007年

オリジナル用途
バスケットボール

付属品
替えひも

ラップに乗った過去への旅

「Yo! MTV Raps」は90年代のヒップホップ専門のMTVの番組で、ラジオDJのドクター・ドレ、エド・ラヴァー、ファブ・5・フレディらが司会を務めた。2006年、プーマは1995年に放送終了したこのカルト番組に敬意を表し、ヒップホップ界で人気の「クライド」限定版をリリースした。アッパーのプリントは番組のロゴを反映したもので、タンとヒール、ソックライナーにもYo!のロゴがあしらわれている。"フォーエバー・フレッシュ"のデザインは音楽とスニーカーの深い結びつきを体現したもので、「A Journey Back in Rhyme」のCDと、Yo! MTV Rapsのコレクターズカードが付いている。ピンク版は225足の限定生産で、特定の店舗だけで販売された。

PUMA CLYDE x YO! MTV RAPS
プーマ クライド × Yo! MTVラップス

178

シューズデータ

エディション
Yo! MTV Raps

発売年
2006年

オリジナル用途
バスケットボール

付属品
トレーディングカード、
「A Journey Back in Rhyme」のCD

PUMA CLYDE
x YO! MTV RAPS (PROMO)

プーマ クライド × Yo! MTVラップス（プロモ）

L.L. COOL J

本物のヒップホップを代表

Yo! MTV Rapsのブランディングは、80年代末から90年代初めにかけてのファッションを思わせる、派手なネオンカラーのプリントが特徴だ。2006年にこの番組に捧げるためにリリースされた、ピンクとライムグリーンの2種類の「クライド」のデザインは、番組のトレーディングカードに使われたプリントから着想を得た。

ライムグリーンはプロモ版で、同色の替えひもと、ピンク版と同様のCDとコレクターズカードが付いてきた。わずか50足だけが作られ、友人と家族のほかには、コンペティションの優勝者たった1人だけに贈られた。クライドのなかでもとくにコレクターが探し求めているモデルだ。

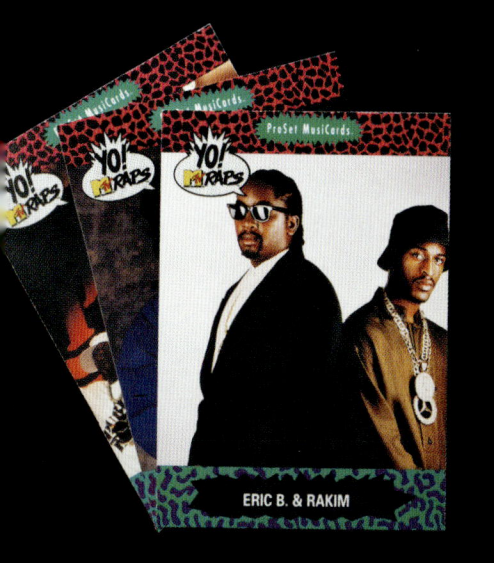

ERIC B. & RAKIM

シューズデータ

エディション
Promo

パック
'Yo! MTV Raps'

発売年
2006年

オリジナル用途
バスケットボール

付属品
替えひも、
トレーディングカード、
「A Journey Back
in Rhyme」のCD

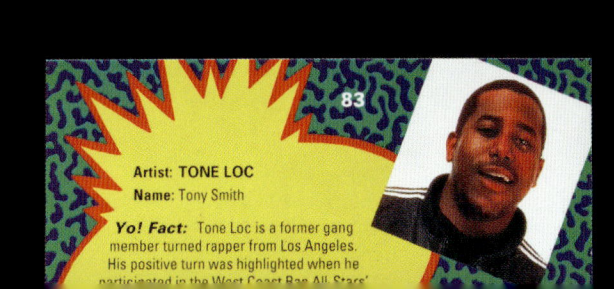

179

83

Artist: **TONE LOC**
Name: Tony Smith

Yo! Fact: Tone Loc is a former gang member turned rapper from Los Angeles. His positive turn was highlighted when he participated in the West Coast Rap All-Stars'

PUMA CLYDE x UNDEFEATED 'GAMETIME'
ブーマ クライド × アンディフィーテッド「ゲームタイム」

オリンピックの金

　2012年、ストリートウェアショップのUndefeated（アンディフィーテッド）とのコラボレーションで、「クライド」の"ゲームタイム"コレクションがリリースされた。

　目玉は何と言っても"24金"を使っていることで、2012年のロンドン五輪で金メダルを獲得したアメリカのバスケットボールチームの栄誉を称えたものだ。

　ゴールドのパーフォレート加工したレザーのアッパー、タンラベルとヒールプル上の赤／白／青のデュアルブランディング、Undefeatedのレースジュエル、デュアルブランドのレザーのインソールという構成。

　Undefeatedのチャプターストアで限定数が販売された。

シューズデータ

エディション
Undefeated

パック
'Gametime'

発売年
2012年

オリジナル用途
バスケットボール

PUMA CLYDE x UNDEFEATED 'SNAKESKIN'

プーマ クライド × アンディフィーテッド「スネークスキン」

切断されたヘビのように大暴れ

1973年以降、ウォルト・"クライド"・フレイジャーによってコートの内外で人気を集めた「クライド」は、Bボーイズ、ストリートボーラー、グラフィティアーティスト、世界中の熱狂的なプーマファンのおかげで、40年以上その人気を保ってきた。

このクライド "スネークスキン" パックは、2012年にプーマとUndefeated（アンディフィーテッド）がリリースした多くの際立ったデザインの最初のもの。

クラシック3色のプレミアムレザーを使い、贅沢な黒のスネークスキンのフォームストライプとデュアルブランドのタンラベルが特徴だ。

ターコイズブルーのプロモ版も9足だけ作られた。ロンドンのショアディッチにあるポップアップモール「ボックスパーク」のプーマの店舗で購入が可能だった。

シューズデータ

エディション
Undefeated

パック
'Snakeskin'

発売年
2012年

オリジナル用途
バスケットボール

PUMA SUEDE CLASSIC
x SHINZO 'USAIN BOLT'

プーマ スエード クラシック × シンゾー 「ウサイン・ボルト」

シューズデータ

エディション
'Usain Bolt'

パック
'Shinzo'

発売年
2011年

オリジナル用途
バスケットボール

付属品
ダストバッグ

エコ思考のボルト

プーマと現在世界最速の男ウサイン・ボルトとの関係は、ボルトが16歳だった2003年に世界ユース選手権で記録を塗り替えて優勝したときから続いている。

2011年はボルトにとってすばらしい成績を残した年だった。出場した10レースのうち9レースで勝利し、世界新記録を樹立し、誰もが知る有名人になった。彼の偉業を祝して、プーマとパリのショップ、Shinzo (シンゾー) がチームを組み、このジャマイカの陸上トラック競技のスターのため、「スエード」1種と「ミッド」2種で構成される限定版コレクションをリリースした。

いずれも環境に優しい素材を選び、スエードにオーガニックコットンのキャンバス地のライニング、コルクのインソール、リサイクルのフォームラストとラバーのアウトソールという構成だ。

「スエード」のタンラベルにはウサイン・ボルトのライオンのロゴが入り、通常の"スエード"ではなく"Shinzo"の文字でブランディングし、フォームストライプはペイントされている。

シューズと同じ素材を使ったデュアルブランディング入りの特製ダストバッグ付きで、Shinzoの店舗と一部のプーマ取扱店で販売された。

PUMA SUEDE CYCLE x MITA SNEAKERS

プーマ スエード サイクル × ミタスニーカーズ

ナイトライダー

2013年、東京のミタスニーカーズはプーマとの新たなコラボレーションに臨んだ。「スエード サイクル」のコンセプトはその名前が表すように、夜の東京のにぎやかな通りを走るのに完璧なサイクリングシューズを作ることだった。

ヒールタブのLEDのストロボライトは、夜の路上でもはっきり見えるようにするためで、靴ひもがほどけないようにカバーをつけた。

ブラックとブラウンのローカットはどちらも「スエード」のクラシックラインを継承し、高品質レザーにガムソールを合わせている (写真はホワイトのソールを使った初期サンプル)。インソールにはミタスニーカーズを象徴する金網モチーフがプーマのロゴとともにプリントされ、ヒールプルにはUCI (国際自転車競技連合) のイメージカラーを使っている。

シューズデータ

エディション
未発売のサンプル

パック
'Mita Sneakers'

発売年
2013年

オリジナル用途
サイクリング

テクノロジー
レースカバー／フリップタン、LEDライト

183

PUMA R698
x CLASSIC KICKS

プーマ R698 × クラシックキックス

優れものが3種類

　2011年、プーマはニューヨークのClassic Kicks（クラシックキックス）とのコラボレーションで、3種類の「R698」をリリースした。いずれもネオプレン素材のタンを採用し、同素材のラップトップケース付きで販売された。

　3色すべてのカラーに背景の物語がある。シーグリーンは、ニール・ハードの2003年刊行の『トレーナーズ』で紹介された、アディダスの「レースウォーク」からインスピレーションを得た。オリジナルのランニングモデルのDNAを受け継ぎ、アッパーはヌバックと3Mを裏打ちしたメッシュ、3Mパネルを特徴とする。

　ライトグレーは、Classic Kicksのチームの1人が子ども時代に持っていた友情の証のブレスレットを基にしたもの。そして、最後のカラーはユナイテッド・アローズの「ニューバランス967」とスニーカーサイト「Sneaker Freaker」との2008年のコラボ版「Blaze of Glory（ブレイズ・オブ・グローリー）」からインスピレーションを得た。

　このシリーズは世界中の限定店舗で販売され、シーグリーン版は200足限定だったらしい。

シューズデータ

エディション
The List

パック
'Classic Kicks'

発売年
2011年

オリジナル用途
ランニング

テクノロジー
トライノミック

付属品
ラップトップケース

PUMA
x SHADOW SOCIETY
ブーマ × シャドーソサエティ

プーマの秘密結社

　2011年、プーマのスニーカーに詳しい謎のデザイン集団「シャドーソサエティ」が、プーマ社内で独自のラインを立ち上げるために招かれ、プレミアム品質のスニーカーとアパレルコレクションのデザインに取り組んだ。

　最初のコレクションとして「ステート」の3デザインが、順番にリリースされた。いずれも豚革スエードのアッパーと後ろ側にレーザーエッチングのブランディングを施したレザーのライニングが特徴で、替えひもの入ったレザーのポーチがついてきた。

　最初にターコイズとグレー、次にフクシア（赤紫）とブラック／グリーン、最後にゴアテックスのライニングを採用したパープルとレッドがリリースされた。

　1年後、シャドーソサエティは「トライノミックR698」の2デザインを新たにリリースし、1982年のアウトドアシューズ「ZDC82 トレーナー」のアップデート版も手掛けた。

シューズデータ

エディション
The List

パック
'Shadow Society'

発売年
2011／2012年

オリジナル用途
バスケットボール、ランニング

テクノロジー
トライノミック

付属品
レザーポーチ入り
替えひも

185

PUMA DISC BLAZE OG
x RONNIE FIEG

プーマ ディスク ブレイズOG × ロニー・フィーグ

ロニーのリモデル

2012年、ニューヨーカーで自身のブランド「KITH（キス）」を持つロニー・フィーグが、プーマとの初のコラボレーションで「ディスクブレイズOG」のリモデルに取り組んだ。

ヌバックのアッパー全体にコーブブルー──フィーグが2010年に手掛けたアシックスの「ゲルライトIII」にも見られる──が使われ、それに黒のディスクとストラップを合わせている。ディテールに凝ったデザインで、反射素材を用いたフォームストライプ、つま革部分とクォーターパネルのレザーのほか、タンとヒールとインソールには"RF"のブランディング、レザープルとミッドソールにはKITHの"Just Us"のロゴも見える。

KITHはプーマでは初となるシリアルナンバー入りの特製ボックスと、デザインの過程をスケッチにしたラッピングペーパーも作り、KITH店舗で購入した先着200人──マンハッタンとブルックリンの店舗に100足ずつ用意された──がそれを手にした。通常ボックス版は世界中の限定店舗で販売され、あっという間に売り切れた。

186

シューズデータ

エディション
Ronnie Fieg

発売年
2012年

オリジナル用途
ランニング

テクノロジー
トライノミック、ディスク

付属品
限定特製ボックス、
特製ラッピングペーパー

PUMA DISC BLAZE LTWT x BEAMS
プーマ ディスク ブレイズLTWT × ビームス

ビームスがプーマと祝う

日本のセレクトショップBeams（ビームス）が創業35周年の記念にプーマとチームを組み、「ディスク ブレイズLTWT」の2種類のデザインに取り組んだ。

ファース500のソールユニットに、ディスクブレイズのテクノロジーを加え、アッパーにはシームレスのメッシュを採用している。

2つのデザインはBeamsブランドのタンプルをディスクのすぐ上に配するほか、インソールにも"Beams 35"のブランディングを施すなど、ディテールへのこだわりが見られる。

187

シューズデータ

エディション
Beams

パック
'35th Anniversary'

発売年
2011年

オリジナル用途
ランニング

テクノロジー
ファース500バイオライド、エコオーソライト、ディスク、KMSライト、エバートラック、エバーライド

付属品
シルクのバッグ、替えひも

PUMA DALLAS 'BUNYIP' LO
x SNEAKER FREAKER

プーマ ダラス「バニップ」ロー × スニーカーフリーカー

シューズデータ

エディション
Sneaker Freaker 'Bunyip'

発売年
2012年

オリジナル用途
バスケットボール

付属品
替えひも、柄入りティッシュ

アボリジニ神話の獣が息を吹き返す

プーマとスニーカーサイトのSneaker Freaker（スニーカーフリーカー）がチームを組み、オーストラリアのアボリジニ神話に登場する架空の巨大な生き物をイメージした"バニップ"を現実の世の中に解き放った。

Sneaker Freakerは「ダラス」にいくらか修正を加え、運動性能よりも高級感を重視した、派手さを控えたアプローチを採用した。ヤギ革スエードのアッパーに本革のライニング、レザーのミッドソールとクレープソールを組み合わせている。

"Dallas"の文字が"Bunyip"に変更され、タンの裏側にはSneaker Freakerのロゴ、レザーのインソールにも神話的なデザインのブランディングが施されている。

シューズデータ	
エディション	Hypebeast
パック	'Dim Sum Project'
発売年	2013年
オリジナル用途	ランニング
テクノロジー	トライノミック、ファース300バイオライド、ギリーレーシング
付属品	トートバッグ

PUMA BLAZE OF GLORY x HYPEBEAST
プーマ ブレイズ オブ グローリー × ハイプビースト

食べたくなるシューズ：
点心の楽しみ

　香港のストリートウェア・オンラインマガジン「Hypebeast（ハイプビースト）」は、ファンションとカルチャーのトレンドと動向の情報源として知られ、とくにスニーカーには詳しい。

　"点心プロジェクト"は、香港の食文化を反映したもの。点心の代表である海老蒸し餃子と焼売はたいてい一緒に注文される。Hyperbeastはこのテーマでデザインするモデルに90年代のランニングシューズ「ブレイズ・オブ・グローリー」と、その進化形である軽量の「ブレイズ・オブ・グローリーLTWT」を選んだ。

　焼売は豚挽肉ベースのたねを黄色っぽい皮で包んだもの。これをスニーカーで表現するために、黄色みのあるソフトスエードのアッパーを使い、焼売の上に飾る魚卵をソールの赤いラインで表現している。

　見かけが繊細な海老蒸し餃子は、透き通った皮を通して中の海老の詰め物が見える。そこで、LTWTの軽量の二層の素材に海老を思わせるカラーを使った。

REEBOK

リーボック

リーボックの歴史は長く変化に富んでいる。当初はランニングシューズを中心にした商品ラインだったが、スニーカーとともにブランドも進化し、多くのジャンルにビジネスを広げてきた。

リーボックは1980年代のフィットネスブームと最も強く結びついたブランドで、女性用スポーツシューズ市場では絶対的な強さを見せ、とくにアメリカではこのラインが莫大な収益源となった。これによってR&Dへの投資が可能になり、80年代から90年代にかけてその効果が表れ始めた。ポンプ、ヘクサライト、DMXなど、いくつかの画期的なスニーカーテクノロジーは現在も使われ続けている。ポンプはシャキール・オニールの最初のシグネチャー・バスケットボールシューズに使われて以来、Alife (p.198)やSolebox (p.201) など、世界中のストリートウェアブランドとの数多くのコラボレーションモデルを生み出した。

1996年のNBAルーキー・オブ・ザ・イヤー（新人賞）に輝いたアレン・アイバーソンとの契約で、リーボック史上最も成功したバスケットボールシューズとなる「クエスチョン」と「アンサー」モデルが次々と送り出された。「クエスチョン ミッド」の発売10周年はUndefeated (p.200)のコラボ版で祝福した。2003年にはラップスターのジェイZとエンドースメント契約を結び、新たに「Sカーター」ラインが加わった（これについては前作『スニー

カー』で紹介している)。最終的には失敗に終わったものの、このラインはヒップホップ界の大物とスポーツウェアの提携という、現在まで続くトレンドの先駆けとなった。リーボックはその後、ファレル・ウィリアムスとA Bathing ApeのNigo (p.197) が組んだ"アイスクリーム" ラインでは成功し、明るい色彩のポップカルチャーと高級感のある素材を組み合わせに人気を集めた。ほかにも多くのコラボレーターたちが、このブランドの代表的スニーカーを再解釈したデザインに取り組んできた。

シューズデータ

エディション
Mita Sneakers

パック
'30th Anniversary'

発売年
2013年

オリジナル用途
ランニング

テクノロジー
EVAミッドソール

192

REEBOK CLASSIC LEATHER x MITA SNEAKERS
リーボック クラシックレザー × ミタスニーカーズ

クラシックレザーの30年

1983年発売の「クラシックレザー」は、高パフォーマンスではなくカジュアルウェアとしての価値を強調した最初期のスニーカーだった。取り外し可能な発泡ポリウレタンのインソールがクッション性を高め、柔らかい衣服用レザーが快適さとスタイルを加えている。

30周年記念バージョンは、東京のミタスニーカーズとのコラボ版で、スエードのアッパーのカラーリングにダークブルーと対照的なクリーム色のツートーンを使い、シャンブレー織の下張り部分には夜間に光る星型を散りばめた。ライニングには柔らかいテリー織の素材を使っている。

この日本限定版はガムソールを採用し、ミタスニーカーズのおなじみの金網モチーフとロゴが、タンラベルとレースアグレット、ソックライナーに見られる。

REEBOK CLASSIC LEATHER
MID STRAP LUX x KEITH HARING

リーボック クラシックレザー ミッド ストラップ ラックス × キース・ヘリング

アート界の伝説への追悼

キース・ヘリングはニューヨークの伝説のストリートアーティストだ。1990年の早すぎる死から20年以上の年月を経て、彼の特徴的なスタイルがスニーカーの上によみがえった。ヘリングのアートは大胆な線使い、鮮やかな色、動きのあるキャラクターで知られる。そのすべてがスニーカーでも再現されている。

ヘリングの"Barking Dogs (吠える犬)"をデザインに取り入れたこのミッドカット版は、ベルクロストラップに"吠える犬"のモチーフを取り付け、左右のシューズの色をブルーとイエローに変えた。犬たちが向かい合い、互いに吠え合っている。

キース・ヘリング基金はヘリングのアートを基にしたカプセルコレクションを制作している。そのそれぞれがリーボックのシューズに反映された。

193

シューズデータ

エディション
'Barking Dogs"

パック
'Keith Haring'

発売年
2013年

オリジナル用途
ランニング

テクノロジー
EVAミッドソール

REEBOK WORKOUT PLUS
'25TH ANNIVERSARY' EDITIONS

リーボック ワークアウトプラス「25周年アニバーサリー」版

25年の歴史

1984年に多用途のシューズとしてデザインされた「ワークアウト」は、1987年にフォアフットにパネルを加えて「ワークアウトプラス」と呼ばれるようになった。2012年、「ワークアウトプラス」の発売25周年を記念して、リーボックは15のショップに「ワークアウト」のコンセプトを使った個性的なシューズのデザインを委託した。

Patta（パッタ）は運動というコンセプトを追究し、"ウサギとカメ"のイメージから野ウサギのスピードと敏捷性に焦点を当てることを選んだ。その結果、アッパーにはウサギの毛をイメージした素材を使った。

Footpatrol（フットパトロール）はこのショップが拠点とするロンドンの町からインスピレーションを得て、とくに雨の多い天候とコンクリートの街の景観をイメージの中心にしたが、タンのロゴにはイエローを使っている。ときおり顔を見せる太陽を待ち望むロンドンっ子の気持ちを表したものだ。

ミタスニーカーズは何より機能を重視して素材を選んだが、いつも通り、最優先させたのはスタイルだ。力強いワークウェアの質感を出すために、丈夫なダックキャンバスのアッパー、ガムソール、縞模様のウールのライニング、ハイキングブーツ用の靴ひもを使っている。

シューズデータ

パック
'Workout 25th Anniversary'

発売年
2012年

オリジナル用途
フィットネス

テクノロジー
厚いモールデッドソール

付属品
チームジャケット、ハードカバー本

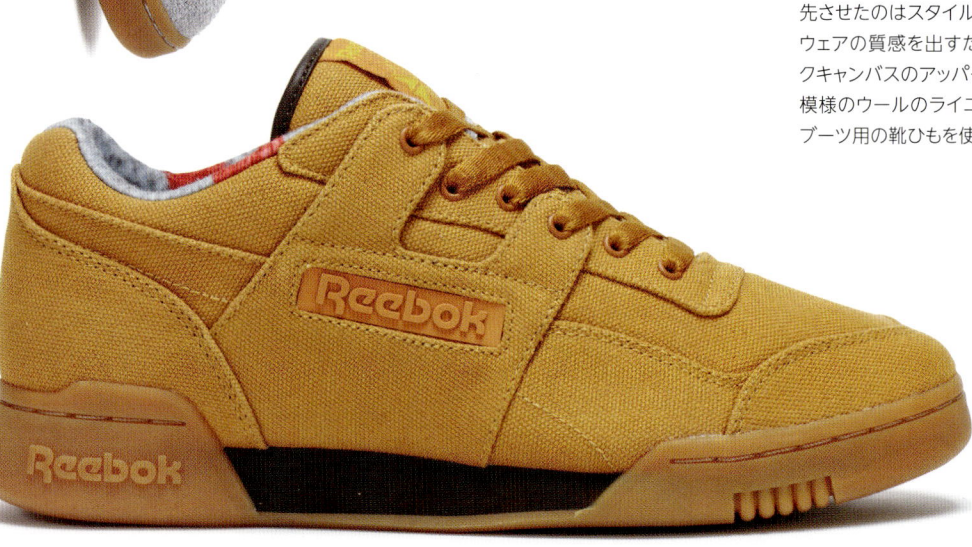

REEBOK INSTA PUMP FURY
x MITA SNEAKERS

リーボック インスタポンプフューリー × ミタスニーカーズ

怒りを感じる

限定版スニーカーの多くが野生動物の世界をイメージしたプリント柄を使っているが、その代表がヒョウ柄である。2012年、ミタスニーカーズは「インスタポンプフューリー」にヒョウ柄を使い、大成功を収めた。

1993年リリースの「インスタポンプフューリー」は、圧倒的なテクノロジーとぱっと目を引く外観で、とくに日本では大人気となった。新たなバージョンでは、アッパーの大部分はヒョウ柄で覆われているが、このモデルで通常使われている軽量の合成素材をグレー、黒、赤のアクセント部分に採用している。

ミタスニーカーズはファッションブランド、EXPANSION (エクスパンション) の創業者兼デザイナーのヒロシ・"カーグ"・カキアゲと組み、別バージョンの「インスタポンプフューリー」もデザインした。ヒロシ・カキアゲはニューヨークと日本の音楽、アート、ポップカルチャーを作品で表現することで知られる。

アッパーには彼のトレードマークの1つである"タイガー・カモフラージュ"を採用。そのほか、タンプルの下側にはミタのロゴが入り、インソールの金網モチーフの上に "TYO NYC Reebok Trading" の文字が入っている。

ミタスニーカーズのコラボ版の大半がそうだが、どちらのモデルも販売数はごくわずかで、日本だけでリリースされた。

シューズデータ

エディション
Mita Sneakers

発売年
2012年

オリジナル用途
ランニング

テクノロジー
ポンプ、
ヘクサライト、
3Dウルトラライトソール

195

シューズデータ	
エディション	CLUCT × Mita Sneakers
発売年	2009年
オリジナル用途	バスケットボール
テクノロジー	EVAミッドソール

REEBOK EX-O-FIT
x CLUCT x MITA SNEAKERS

リーボック エックスオーフィット × クラクト × ミタスニーカーズ

クラシックのトーンと質感

2008年創業のCLUCT（クラクト）は、アメリカのカジュアルテイストとヨーロッパの洗練された技術を融合させた衣料品を送り出してきた。2009年にミタスニーカーズとともにリーボックとチームを組み、当時発売されたばかりの「エックスオーフィット ストラップハイ」の独自バージョンを制作した。

ストラップハイはリリース直後から、いくつかのコラボパートナーが独自の風合いを加えたバージョンを手掛けてきた。atmos（アトモス）やミタスニーカーズも参加している。

CLUCT×ミタスニーカーズ版のコンセプトは、抑えた色合いと考え抜かれた繊細なディテールが、大胆で鮮やかなカラーのデザインと同じくらいのインパクトを持つと証明することだった。ほぼ全体が黒のアッパーは、ヒール部分にワニ革風の素材を使い、黄色のラインでアンクルとヒールを分けている。サイドパネルには "emphasize, authentic, create and establish" の文字が並び、ヒールには "Clutch & Fact"（合わせてCLUCTの名前になる）の文字が刺繍されている。ソールは全体を白ですっきりとまとめた。

REEBOK ICE CREAM LOW
x BILLIONAIRE BOYS CLUB

リーボック アイスクリーム ロー × ビリオネアボーイズクラブ

ビリオネアの魅力に浸る

　ファレル・ウィリアムスとNigo（A Bathing Apeの創業者）のコラボ企画として始まったBillionaire Boys Club（BBC、ビリオネア・ボーイズ・クラブ）とIce Cream（アイスクリーム）レーベルは、A Bathing Apeの姉妹ブランドを意図したものだった。BBCは洋服だけだったが、Ice Creamブランドはリーボックのスニーカーコレクションも扱っていた。第1号のモデルが「アイスクリーム ロー」（別名「ブティック」）で、特定のブティックのみで限定数が販売された。

　これに続き、ファレルのBBCレーベルがにぎやかなデザインの「アイスクリーム」を手掛けた（写真のモデル）。シリアルナンバー入りの170足がニューヨークのA Bathing ApeのBusy Worshop（ビジー・ワークショップ）店舗のみで販売された。シルバー加工されたレザーが上質感を加え、ドル記号とダイヤモンドがネイビーブルーでアッパーにプリントされている。アウトソールとヒールタブには赤を使い、コントラストを出している。

シューズデータ

エディション
Billionaire Boys Club

発売年
2005年

オリジナル用途
ライフスタイル

付属品
特製ボックス

197

REEBOK COURT FORCE VICTORY PUMP
x ALIFE 'THE BALL OUT'

リーボック コートフォース ビクトリー ポンプ
× エーライフ「ザ・ボールアウト」

ラブゲーム

オリジナルのグリーンの"テニスボール"版に続く、2006年のAlife（エーライフ）とのコラボ版。同じ年のうちに第2弾としてさらに2色を加えた。

新たにリリースされたオレンジとホワイトの2色は、どちらもアッパーにテニスボール用のフェルトを使っている。限定生産のためあっという間に売り切れ、コレクターが今も探し求めている。

1年後、Alifeはピンクとブラックの2色を追加でリリースした。前回はAlifeだけでの限定販売だったが、こちらはもう少し広く流通した。

シューズデータ

エディション
Alife

パック
'The Ball Out'

発売年
2006年

オリジナル用途
テニス

テクノロジー
ポンプ

付属品
替えひも

REEBOK PUMP OMNI LITE
x 'MARVEL' DEADPOOL
リーボック ポンプオムニ ライト ×「マーベル」デッドプール

シューズデータ

エディション
Deadpool

パック
'Marvel'

発売年
2012年

オリジナル用途
バスケットボール

テクノロジー
ポンプ、ヘクサライト

コミック本のパワー全開

2012年の"キャプテン・アメリカ"と"ウルヴァリン"でのコラボに続き、マーベル・コミックスは『Xフォース』に登場する架空のキャラクター、"デッドプール"をイメージした「ポンプオムニライト」をデザインした。

力強いブラック／レッドの配色は、デッドプールのコスチュームをイメージしたもので、アダマンティウム製の2本の剣──デッドプールの武器──が、ヒール上でクロスしている。赤、黒、グレーのブランディングのほか、もちろん、デッドプールが左右のインソールに分かれて堂々とポーズをとっている。

REEBOK QUESTION MID x UNDEFEATED
リーボック クエスチョン ミッド x アンディフィーテッド

考えるべき質問

リーボックはバスケットボール選手のアレン・アイバーソンと彼がデビューした1996年に10年契約を結んだ。彼のシグネチャーシューズ「クエスチョン」はリーボックのベストセラーモデルとなる。

2006年には契約から10周年を祝して、Undefeated（アンディフィーテッド）がマルチカラー版をデザインした。レースループの隣に大きな"IVERSON"の文字、ヒールパネルには契約年の"96"が入っている。斑点模様入りのオレンジのヘクサライトソールユニットも特徴だ。

ロサンゼルスのUndefeatedの店舗では、3足分の箱の中に当たりチケットを入れた。幸運な3人の客は、1人がアレン・アイバーソン本人がサインしたスニーカーを、1人がサイン入りの帽子を、1人がサイン入りバスケットボールを受け取った。

シューズデータ

エディション
Undefeated

発売年
2006年

オリジナル用途
バスケットボール

テクノロジー
ヘクサライト、
ギリーレーシング

REEBOK PUMP OMNI ZONE LT x SOLEBOX

リーボック ポンプオムニ ゾーンLT × ソールボックス

コートを明るく照らす

2011年、ベルリンのシューズショップSolebox（ソールボックス）が、リーボックとの最新のコラボとなる「ポンプオムニゾーンLT」をリリースした。

サイドパネルのLEDライトが新しさを強調し、タンの上に配置されたボタンを押すと発光する。その他、サイズラベル下に収納された小さなポーチ入りのバッテリーパック、タンの3M、インソールのSoleboxのロゴなどがある。

売れ行きがよかったため、Soleboxの10周年とも重なった翌2012年には、第2弾もリリースされた。こちらはグリーンのLEDを使っている。暗い場所で発光する"グロー・イン・ザ・ダーク"を使ったトートバッグも付いてきた。

各色100足の限定生産で、Soleboxの実店舗とオンラインショップだけで販売された。

シューズデータ

エディション
Solebox

発売年
2011年

オリジナル用途
バスケットボール

テクノロジー
ERS（エネルギー・リターン・システム）、ポンプ、LEDライト

付属品
"グロー・イン・ザ・ダーク"のトートバック、ポンプのスイングタグ

VANS

バンズ

バンズの歴史はどのフットウェアブランドにも負けないほど興味深い。1960年代のカリフォルニアで、小さな家族経営の会社として慎ましいスタートを切ったこのブランドは、今では世界の最も影響力あるアクションスポーツ企業に名を連ねる。アメリカンドリームが世界に広がる可能性を示す優れた例となった。

バンズは、スケートボード、サーフィン、BMX (自転車モトクロス)、スノーボード、エクストリームスポーツの世界と結びつけられるブランドだが、おそらく最も強い影響を与えているのが音楽の分野だろう。さまざまな音楽サブカルチャーと苦もなく結びつくバンズは、筋金入りの音楽ファンの多くが真っ先に反応するスニーカーブランドだ。Metallica (メタリカ) やアイアン・メイデンのようなスタジアムをファンで埋めつくすバンド や、ニッチブランドとのコラボレーション——"バッド・ブレインズ" コレクション (p.216-

217) や"OTWライフスタイル"コレクションでのルーペ・フィアスコとのコラボがその代表──から、バンズが本当にあらゆる音楽ジャンルのカルチャーを代弁するブランドであることがわかる。

バンズは履きやすく、目につきやすいシルエットでポップカルチャーとも結びつく。特徴的なすっきりしたシルエットは、コラボパートナーとなるアーティストたちに真っ白なキャンバスを提供する。『ザ・シンプソンズ』(p.208-209) からストリートウェアショップのSupreme (シュプリーム) まで (本書でもSupremeデザインの5種類のスニーカーを紹介している)、バンズはどのブランドと比べても、コラボレーションを通して幅広い消費者層にアピールしてきた。

さらに、伝説のアメリカ人デザイナー、マーク・ジェイコブズ (p.204) との継続的コラボレーションでハイファッションの世界にもビジネスの場を広げ、西海岸のタトゥーアーティストとして有名なミスター・カートゥーン (p.219)、日本のカルトブランド「WTAPS」(p.220) などとのコラボでは、すぐにそれとわかる代表的なモデルのリワークに取り組んだ。

このコラボ商品の多様性こそがバンズというブランドを物語る。バンズは、すべての人に何か与えるものがあるフットウェアブランドだ。

シューズデータ

エディション
Marc Jacobs

発売年
2005年

オリジナル用途
スケートボード

テクノロジー
バルカナイズドソール、
ワッフルソール

付属品
特製ボックス

VANS CLASSIC SLIP-ON LUX x MARC JACOBS

バンズ クラシック スリッポン ラックス
× マーク・ジェイコブズ

キャットウォークと
サイドウォークの出会う場所

　バンズは2005年春にはじめて高級ファッションブランドのマーク・ジェイコブズとパートナーを組み、スニーカーヘッドとファッショニスタ両方の注意を引いた。

　マーク・ジェイコブズはバンズのさまざまなモデルのリワークに取り組んでいるが、「クラシック スリッポン」には最も実験的なデザインを採用した。この特別版はテレビのテストパターンからインスピレーションを得た。信号は受信しているが、番組は放送されていない状態だ。

　このラインは大ヒットとなり、限定生産の商品はあっという間に売り切れた。

204

VANS CLASSIC SLIP-ON x CLOT

バンズ クラシック スリッポン × クロット

休日の部族民

　2012年、バンズは香港のストリートウェアブランド、CLOT（クロット）との初のコラボレーションで、休日用コレクションをリリースした。

　CLOTの2012年の秋冬コレクション「Tribesmen（部族民）」からインスピレーションを得て、「エラ」と「クラシック スリッポン」に刺繍と明るいカラーを使った4デザインが生まれた。

　「エラ」はウォッシュ加工したキャンバス地のアッパーに同系色のミッドソールを合わせ、シューレースを白にして際立たせた。タンとヒールに"Tribesmen"のブランディングが入っている。

　「クラシック スリッポン」（写真）は、"Tribesmen"のテーマをそのまま反映させ、明るい織模様でシューズの前半分とヒールを覆い、ミッドソールは無地にしてコントラストをつけている。

　コレクションは香港のCLOTのストリートウェアのデザイナーズ店JUICE（ジュース）で1週間早く先行販売され、その後、アジアのJUICE各店舗で販売された。

シューズデータ

エディション
CLOT

発売年
2012年

オリジナル用途
スケートボード

テクノロジー
バルカナイズドソール、
ワッフルソール

206

VANS SYNDICATE x WTAPS
バンズ シンジケート × ダブルタップス

ペンタグラムと骨

日本のファッションブランドWTAPS (ダブルタップス) は、スケートボード、パンク、ミリタリー、モーターサイクルをベースにしたストリートウェアを扱う。バンズ「シンジケート」との初のコラボ企画となった"ボーンズ&ウィングス (骨と羽)"にもそれが反映されている。

2006年秋のコレクションは「シンジケート」の4モデルで構成された。最初の"ボーンズ"で「Sk8ハイ」「チャッカ」「スリッポン」の新デザインがリリースされ、その後"ウィングス"として「オーセンティック」3デザインがリリースされた。3種類の"ボーンズ"モデルはクロスさせた骨のモチーフが全体にプリントされ、「スリッポン」は後方のフォクシング部分とカラー周りにヘビメタバンドのスレイヤーのロゴに似たペンタグラムをあしらっている。

写真は初期のサンプルで、発売には至らなかったモデル (3種類すべてでペンタグラムが目立つ) と、正式にリリースされた「スリッポン」モデル (中央)。

シューズデータ

エディション
WTAPS

パック
'Bones'

発売年
2006年

オリジナル用途
スケートボード

テクノロジー
バルカナイズドソール、ワッフルソール

付属品
シンジケートボックス、レザーのハングタグ、シンジケートのステッカー

VANS x THE SIMPSONS バンズ × ザ・シンプソンズ

"ドゥ・ザ・バートマン" のアートスタイル

待ち焦がれていた『ザ・シンプソンズ・ムービー』が2007年7月についに公開された。それを記念して、バンズは12人のアーティストとのコラボレーションを企画し、それぞれが「Sk8ハイ/ミッド」「チャッカブート」「エラ」「スリッポン」のクラシックモデルから好きなものを選んでデザインに取り組んだ。

参加したアーティストは、KAWS (カウズ)、Stash (スタッシュ)、Mr Cartoon (ミスター・カートゥーン)、Futura (フューチュラ)、Neckface (ネックフェイス) ら、錚々たる顔ぶれで、漫画の中の家族が今も変わらず多くのサブカルチャーに影響を与えていることがわかる。

デザインはどれも個性的で、アーティストそれぞれのスタイルがよく表れている。スライド式の特製ボックスにはマット・グレイニングの風刺画風にアーティスト本人たちの姿も描かれている。

各モデル100足の限定生産で、アメリカの10店舗で製造・販売された。コンプリートコレクションはすぐに売り切れ、現在は価値あるコレクターズアイテムになっている。

209

シューズデータ	
エディション	The Simpsons
パック	'The Simpsons Movie'
発売年	2007年
オリジナル用途	スケートボード
テクノロジー	バルカナイズドソール、ワッフルソール
付属品	特製ボックス

左から右へ

チャッカブートLX × ジェフ・マクフェトリッジ
スリッポンLX × サム・メッサー
チャッカブートLX × ネックフェイス
スリッポンLX × トニー・ムニョス
チャッカブートLX × カウズ
Sk8ミッドLX × フューチュラ
エラLX × ゲイリー・パンター
Sk8ハイLX × タカ・ハヤシ
スリッポンLX × ミスター・カートゥーン
スリッポンLX × デイヴィッド・フローレス
Sk8ミッドLX × スタッシュ
SK8ハイLX × トッド・ジェームス (REAS)

VANS x KENZO
バンズ × ケンゾー

カリフォルニア・コネクション

2012年にパリのファッションハウス「Kenzo (ケンゾー)」に新しい命を吹き込んだクリエイティブディレクターのウンベルト・レオンとキャロル・リム (セレクトショップ「Opening Ceremony (オープニング・セレモニー)」の創業者) が、バンズとチームを組んだ。

Kenzoはそのコレクションのデザインを、月ごとにリリースされるスニーカーのアッパーに取り入れた。第1弾は魚網パターン、第2弾は花柄とストライプ、第3弾はモノクロームの蛾、ストライプとマーブル柄だった。

第1弾と第2弾は「オーセンティック」だけを使ったが、第3弾ではじめて「スリッポン」を使っている。

コレクションは限定生産で、Opening Ceremony、Selfridges (セルフリッジズ)、Liberty (リバティ)、Colette (コレット)、香港のI.T.など、限られたパートナーショップだけで販売された。

シューズデータ

エディション
Kenzo

発売年
2012年

オリジナル用途
スケートボード

テクノロジー
バルカナイズドソール、ワッフルソール

210

VANS AUTHENTIC PRO x SUPREME
x COMME DES GARÇONS SHIRT

バンズ オーセンティックプロ×シュプリーム×コム・デ・ギャルソン・シャツ

彼らは本気だ

　日本のファッションレーベル「コム・デ・ギャルソン」のロンドンの旗艦店「ドーバー・ストリート・マーケット (DSM)」は、ストリートウェアから高級服まで幅広いブランドを取り揃えている。

　Supreme (シュプリーム) もDSMが扱うブランドの1つで、そのため2つのブランドのコラボレーションは自然な流れだった。2013年春夏用に、彼らはボタンダウンシャツ、キャンプキャップ、プルオーバーパーカー、Tシャツを含むコレクションを発表した。

　衣料品のコレクションに続き、Supremeはバンズとともに「オーセンティック」と「Sk8ハイ」の新バージョンを手掛けた。

　どちらのモデルも上品な青と白のピンストライプのアッパーで、インソールには両ブランドのロゴがエンボスされている。

　DSM、Supreme、コム・デ・ギャルソンI.T.北京マーケットだけで販売された。

シューズデータ

エディション
Supreme×Comme des Garçons SHIRT

発売年
2012年

オリジナル用途
スケートボード

テクノロジー
バルカナイズドソール、ワッフルソール

212

VANS VAULT MAJOR LEAGUE BASEBALL COLLECTION

バンズ ヴォールト メジャーリーグ・ベースボール・コレクション

大リーグのバンズ

　2010年のメジャーリーグの開幕セレモニーに合わせて、バンズ「ヴォールト」はメジャーリーグをテーマにした限定版コレクションをリリースした。各地の選ばれたショップが地元チームを担当し、バンズのモデルの中から自由に選んだスニーカーと「マジェスティック・オーセンティック」のジャージのデザインに取り組んだ。それぞれ12足の限定生産で、コラボを担当したショップだけで販売された。

シューズデータ

エディション
Major League Baseball

パック
'Opening Ceremony'

発売年
2010年

オリジナル用途
スケートボード

テクノロジー
バルカナイズドソール、ワッフルソール

付属品
特製ボックス、マジェスティック・オーセンティック・ジャージ

上段から、各段左から右へ：

ブレンズ・サンディエゴ × サンディエゴ・パドレス　—オールドスクールLX
デイヴズ・クオリティ・ミート × ニューヨーク・ヤンキース　—エラLX
コモンウェルズ × ワシントン・ナショナルズ　—エラLX
ウィッシュ × アトランタ・ブレーブス　—オーセンティックLX
ハフ × サンフランシスコ・ジャイアンツ　—エラLX
デイヴズ・クオリティ・ミート × ニューヨーク・メッツ　—エラLX
ボデガ × ボストン・レッドソックス　—オーセンティックLX
プロパー × ロサンゼルス・ドジャース　—106LX
ブレンズ × ロサンゼルス・エンゼルス・オブ・アナハイム　—オールドスクールLX
セイント・アルフレッド × シカゴ・ホワイトソックス　—チャッカLX
バウズ&アローズ × オークランド・アスレチックス　—チャッカLX
カモン × ボルチモア・オリオールズ　—Sk8ハイLX
シューギャラリー × フロリダ・マーリンズ　—チャッカLX
セイント・アルフレッド × シカゴ・カブス　—チャッカLX
コンベイヤー・アト・フレッド・シーガル × ロサンゼルス・ドジャース　—Sk8ハイLX
プロパー × ロサンゼルス・エンゼルス・オブ・アナハイム　—チャッカLX
アンディフィーテッド × ロサンゼルス・ドジャース　—オールドスクールLX
ユービック × フィラデルフィア・フィリーズ　—チャッカLX

VANS AUTHENTIC PRO & HALF CAB PRO
x SUPREME 'CAMPBELL'S SOUP'

バンズ オーセンティック プロ & ハーフキャブ プロ × シュプリーム「キャンベルスープ」

2つの象徴的モチーフの融合

2012年、ニューヨークのストリートウェアショップ、Supreme（シュプリーム）がアンディ・ウォーホルの有名な「キャンブルスープ」のポップアートをバンズとの大胆なコラボ版のモチーフとして使った。

3種類のモデルすべてでこの有名なポップアートがすぐに目につく。「オーセンティック」と「ハーフキャブ」（写真）では全体にプリントされ、「Sk8ハイ」ではサイドパネルのプリントとブラックを組み合わせ、コントラストを際立たせている。このウォーホルのモチーフは、赤字に白の文字の使い方も含め、SupremeのロゴともよくSimilar ている。

このコレクションは当初日本でリリースされ、その後、ニューヨーク、ロサンゼルス、ロンドンのSupremeの実店舗とオンラインショップでも販売された。「キャンベルスープ」のモチーフが全体にプリントされたTシャツとメッシュのキャップも同時に発売された。

シューズデータ

エディション
Supreme

発売年
2012年

オリジナル用途
スケートボード

テクノロジー
バルカナイズドソール、
ワッフルソール

付属品
替えひも（黒）、
キャンベルスープのTシャツ

VANS ERA x COLETTE x COBRASNAKE

バンズ エラ × コレット × コブラスネーク

ビーフは手に入れた？

2012年、ロサンゼルスの有名ファッション写真家マーク・ハンター（別名コブラスネーク）が、フランスのブティック「Colette（コレット）」とチームを組み、バンズ「エラ」のユニークなデザインに取り組んだ。

その10年前、ハンターは大のハンバーガー好きだったが、その後、ベジタリアンに変わった。コブラスネーク版「エラ」は、ハンターがかつての相棒であるハンバーガーへの愛を表現したものだ。

6オンスキャンバス地のアッパーの全面を使って、アメリカンハンバーガーの主な材料をシード入りバンズからチーズやパテまで、イラストにして描いている。

60足の限定生産で、パリのColetteだけで販売された。

シューズデータ

エディション
Colette×Cobrasnake

発売年
2012年

オリジナル用途
スケートボード

テクノロジー
バルカナイズドソール、ワッフルソール

215

VANS SK8-HI x SUPREME x BAD BRAINS

バンズ Sk8ハイ × シュプリーム × バッド・ブレインズ

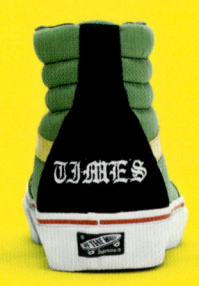

スケートボードとパンクの出会い

スケートボードカルチャーとパンクミュージックはつねに身近な存在だった。スケートボードショップからストリートウェアショップへと進化したSupreme（シュプリーム）が、パンクとハードコアバンドのバッド・ブレインズとともにバンズの2008年コレクションに参加したのも驚くことではない。

このコラボモデルは赤、ゴールド、グリーンのラスタファリアンカラーが鮮やかだ。

バッド・ブレインズのアルバム『ロック・フォー・ライト』の1曲目に収録されている「コプティック・タイムズ」のタイトル名がヒールカウンターに書き込まれている。Supremeはコレクションの一部として2種類のTシャツとハリントンジャケットもデザインした。

バンズはのちに、これとは別の"バッド・ブレインズ"と"シュプリーム"コレクションも発表した。

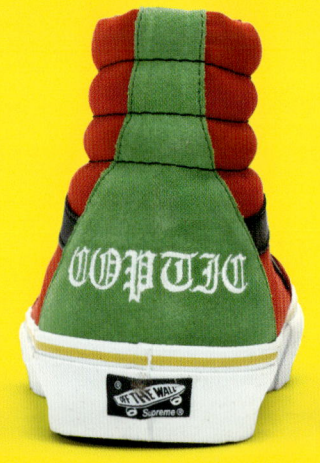

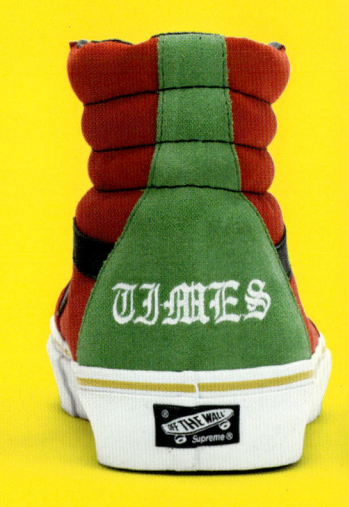

シューズデータ

エディション
Supreme × Bad Brains

発売年
2008年

オリジナル用途
スケートボード

テクノロジー
バルカナイズドソール、ワッフルソール

VANS x BAD BRAINS
バンズ × バッド・ブレインズ

ラスタがスタイルを揺るがす

2009年春、バンズはバッド・ブレインズとチームを組み、今回は「Sk8ハイ」「チャッカ」「46LE」のコラボ版を作った。

スニーカーと同じアートデザインの特製スライド式ボックスが作られ、トートバックも付いている。

衣料品コレクションとして、ブランド入りTシャツ、スケートボード用短パン、ベルト、財布も2010年春に発売された。

このコレクションはバッド・ブレインズのラスタファリ運動に触発されたアルバム──最初のスタジオアルバム『バッド・ブレインズ』と2007年リリースの『ビルド・ア・ネーション』──のジャケットからインスピレーションを得た。

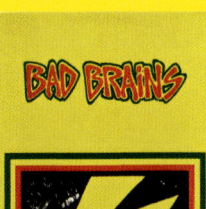

シューズデータ

エディション
Bad Brains

発売年
2009年

オリジナル用途
スケートボード

テクノロジー
バルカナイズドソール、ワッフルソール

付属品
特製ボックス、トートバッグ

217

VANS SK8 x SUPREME 'PUBLIC ENEMY'

バンズ Sk8 × シュプリーム「パブリック・エナミー」

シューズデータ

エディション
Supreme

パック
'Public Enemy'

発売年
2006年

オリジナル用途
スケートボード

テクノロジー
バルカナイズドソール、
ワッフルソール

付属品
替えひも

音楽で運動を燃え上がらせる

パブリック・エナミー（チャックD、フレイバー・フレイブ、プロフェッサー・グリフ、ターミネーターX）は、1982年から現在まで、ヒップホップを通して政治的見解を表現してきた。

スケートボード／ストリートウェアショップのSupreme（シュプリーム）がバンズとの7度目のコラボ企画を始動させたとき、彼らは仲間のニューヨーカーに目を向け、パブリック・エナミーがロゴに使っているライフルの照準の十字線を、90年代半ばの「Sk8ハイ」のカラーに重ね合わせた。

1988年リリースのパブリック・エナミーのセカンドアルバム『It takes a Nation of Millions to Hold Us Back』のタイトル名が、ミッドソールにプリントされている。Tシャツ、パーカー、キャップもコレクションの一部としてリリースされた。

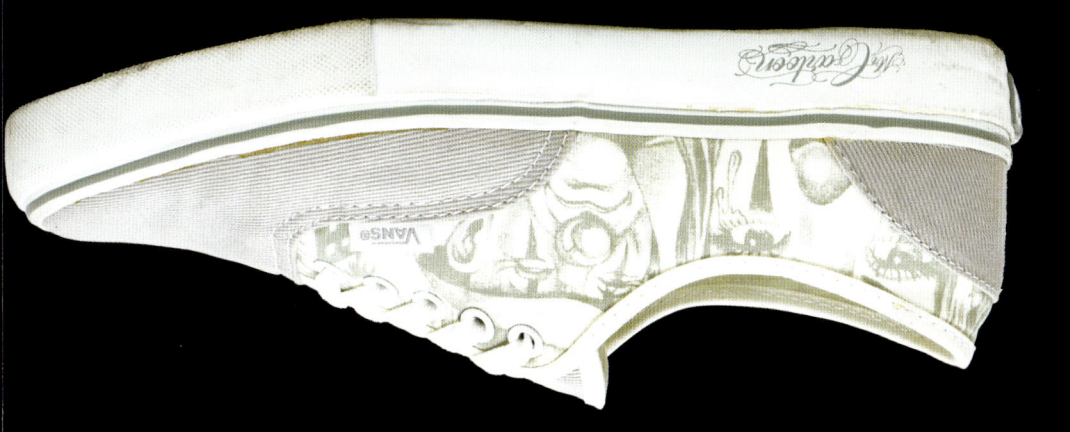

シューズデータ

エディション
Syndicate

パック
'Mr Cartoon'

発売年
2005年

オリジナル用途
スケートボード

テクノロジー
バルカナイズドソール、ワッフルソール

VANS AUTHENTIC SYNDICATE x MR CARTOON
バンズ オーセンティック シンジケート × ミスター・カートゥーン

おどけて回る

Mr Cartoon（ミスター・カートゥーン）はロサンゼルス出身のタトゥーとグラフィティアーティスト。クライアントにはヒップホップ界の大物たちが名を連ねる。数々のスニーカーコラボを通して、彼はフットウェアとタトゥーの両方の分野で賞賛されてきた。

バンズとの初のコラボプロジェクトは、「シンジケート」ラインの最初のものでもあり、Mr Cartoonは「オーセンティック」をリワークのモデルに選んだ。アッパーのすっきりしたシルエットが彼の創造性を存分に発揮できるスペースを提供したからだ。

カラーは3色。いずれもキャンバス地とデニムをアッパーに使い、サイドパネルにピエロのアート、インソールにはMr Cartoonの有名な天使のモチーフをあしらっている。

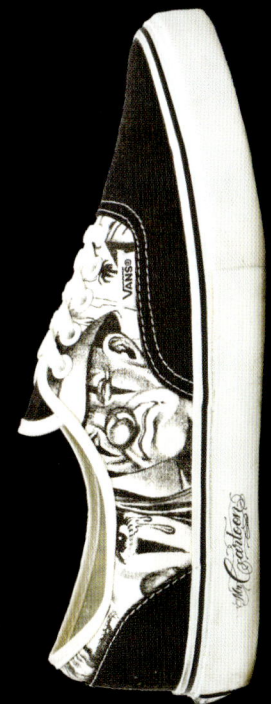

VANS SYNDICATE
x WTAPS NO GUTS NO GLORY SK8-HI

バンズ シンジケート × ダブルタップス ノーガッツ・ノーグローリー Sk8ハイ

シューズデータ

エディション
Syndicate

パック
'WTAPS'

発売年
2007年

オリジナル用途
スケートボード

テクノロジー
バルカナイズドソール、
ワッフルソール

220

WTAPSからの
ガッツあるアプローチ

　この2007年の「シンジケート」のリリースは、バンズと日本のストリートウェアブランドWTAPS（ダブルタップス）との最初のコラボレーションではない。しかし、これまでで最も大胆なコラボになったことは間違いない。WTAPSの "No Guts No Glory"（闘志のないところに栄光はない）の春夏コレクションに合わせて、「Sk8ハイ」の3バージョンがリリースされた。

　黒のスエードのトウボックスとにぎやかな柄のキャンバス地を組み合わせ、パネル上には "No Guts No Glory" の文字がプリントされている。アウトソールにも小さなロゴが入っている。色はホワイト、グリーン、オレンジの3色。人気のスケートボードシューズのこのプレミアム版は、「シンジケート」を扱う限定店舗で販売された。

VANS SK8-HI & ERA
x SUPREME
x ARI MARCOPOULOS

バンズ Sk8ハイ & エラ
× シュプリーム × アリ・マルコポロス

スケートボードの伝説を
ドキュメントする

　アムステルダム生まれの写真家で映像製作者のアリ・マルコポロスは、1979年にニューヨークに移り住み、アンディ・ウォーホルとともに多くのアーティストやビースティ・ボーイズなどのミュージシャンを撮影した。彼は1994年に開店したSupreme（シュプリーム）の常連客となり、Supremeが支援しているスケーターたちを記録し、自らもスケートボード文化にのめりこむようになった。

　2006年、マルコポロスはSupremeの洋服コレクション用に、パーカーとファイブパネルキャップ（計5枚のパネル状生地で構成されるキャップ）をデザインした。その後、Supremeとともにバンズとのコラボレーションを手掛け、「エラ」と「Sk8ハイ」各3バージョンから成るコレクションがリリースされた。キャンバス地のアッパーに、アリが撮影したスケートボーダーたちの写真がプリントされている。

　どちらのコレクションもニューヨークとロサンゼルスのSupremeの店舗でのみ販売され、現在はコレクター価値が非常に高くなっている。

シューズデータ

エディション
Ari Marcopoulos

パック
'Supreme'

発売年
2006年

オリジナル用途
スケートボード

テクノロジー
バルカナイズドソール、ワッフルソール

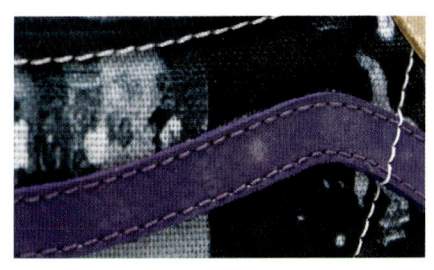

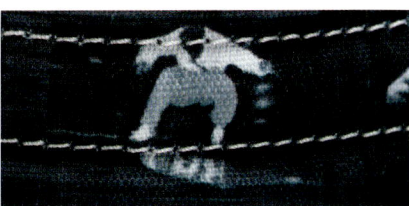

VANS SYNDICATE CHUKKA LO
x CIVILIST

バンズ シンジケート チャッカ ロー × シビリスト

シューズデータ

エディション
Civilist

発売年
2011年

オリジナル用途
スケートボード

テクノロジー
ベローズ、ドライレックス、バルカナイズドソール、ワッフルソール

付属品
カフスボタン、Tシャツ、トートバッグ

洗練されたスケートウェア
シビライズ

　2011年、バンズ「シンジケート」はベルリンのスケートボードショップ、Civilist（シビリスト）とのコラボで、落ち着いた色合いの「チャッカ ロー」プレミアム版をリリースした。Civilistの2人の創業者はどちらも戦後の連合軍占領下のベルリンで育った。コラボ用モデルに「チャッカ ロー」を選んだのは、この町の複雑な歴史に敬意を表するため、また英軍兵士が戦争中にチャッカを履いていたことが理由だった。

　Civilistはシンジケートのアーカイブから、2008年の"ゲイブ・モーフォード"コレクションに使われた、吸収性の高いドライレックス素材のライニングを選び出した。その他の特徴には、水が入り込むのを防ぐまち付きのタン、銅製のアイレット（Civilistの店舗の特徴をイメージした）、フェルト製のCivilistブランドのタンパッチ（ベルリンの過去を物語る——"フェルト"のドイツ語は"政治的腐敗"の意味で使われる）などがある。

　Civilistは生産された98足の大部分を手元に残し、わずかな数だけ限定店舗で販売した。

シューズデータ

エディション
Alakazam

発売年
2012年

オリジナル用途
スケートボード

テクノロジー
バルカナイズドソール、
ワッフルソール

VANS ERA x ALAKAZAM x STÜSSY
バンズ エラ × アラカザム × ステューシー

定着化作戦

　ロンドンを拠点とするクリエイティブ集団Alakazam（アラカザム）が、ストリートウェアのパイオニアであるStüssy（ステューシー）とチームを組み、"オペレーション・ラディケーション"と名づけられたカプセルコレクションを手掛けた。レゲエとダブからインスピレーションを得たものだ。Alakazamは Tシャツ、印刷物や書籍のデザイン、世界中のさまざまなミュージシャンや DJたちのジャケットアートを制作している。

　このコレクション用にデザインされた「エラ」は、黒のデニムのアッパー、ラスタファリカラーのアイレット、プリントを加えたミッドソールが特徴で、さらに Alakazam創設者のウィル・スウィーニーのライオンのロゴがタンにあしらわれている。スニーカーは日本のStüssyの店舗とオンラインショップのZozotown（ゾゾタウン）での限定販売、アパレルコレクションはAlakazamとStüssyのオンラインショップを通じて販売された。

223

VANS VAULT ERA LX x BROOKS
バンズ ヴォールト エラLX × ブルックス

カリフォルニアクールと
イギリスの風合い

　2010年、イギリスの自転車メーカー「Brooks（ブルックス）」の特徴的なクラシックスタイルが、バンズ「ヴォールト」と結びついて、限定版「エラLX」が完成した。同じデザインのサドルもわずかな数だけ作られた。

　Brooksが選んだサドル用の最上質のレザーだけを使い、バンズのデザイナーによる"スカル&フラワー（頭蓋骨と花）"のモチーフがタンとサドルにさりげなくエンボスされている。

　黒のレザーのシューズには銅製のアイレットとレザーのシューレースを合わせ、バンズのロゴがタグにエンボス加工されている。より安定したパフォーマンスを提供するため、パッド入りインソールの下にはパワートランスファーのプレートを組み込んだ。すべてのシューズが手書きのシリアルナンバー入り。

　銅製の鋲が特徴のサドルも手入れ用キット付きで販売された。シューズは約2000足、サドルはわずか500個の限定生産だった。

シューズデータ

エディション
Brooks England

発売年
2010年

オリジナル用途
スケートボード

テクノロジー
パワートランスファーソールユニット、バルカナイズドソール、ワッフルソール

付属品
レザー製の靴ひも、特製ボックス、手入れ用キット付き（レンチ、クロス、レザーコンディショナー）のサドル

x SUPREME x STEVE CABALLERO

バンズ ハーフキャブ20 × シュプリーム × スティーブ・キャバレロ

キャバレロが彼のキャブを半分に

たとえスケートボードやそのカルチャーに興味がなくても、伝説の男スティーブ・キャバレロの名前くらいは耳にしたことがあるのではないだろうか。

バンズは1988年に彼と契約し、その1年後に初のシグネチャーシューズ「キャバレロ」ハイカットをリリースした。

しばらくして、キャバレロはスケーターたちが彼のシューズを半分に切ってミッドカットにしていることに気がついた。1992年に彼がこの情報をバンズに伝えたところ、同じ年のうちに「ハーフキャブ」が作られた。

その「ハーフキャブ」の誕生20周年にあたる2012年に、バンズは1年間を通して毎月、限定版ハーフキャブをリリースした。

最初のモデルはその誕生自体に敬意を表し、ハーフキャブを手作業でカットしてダクトテープを巻いた。シリアルナンバー入りの20足に、キャバレロ本人がサインを入れた。

Supremeとのコラボ版も作られ、5足がロサンゼルス、ロンドン、ニューヨーク、原宿の店舗へとたどり着いた。

シューズデータ

エディション
Supreme×Steve Caballero

パック
'20th Anniversary'

発売年
2012年

オリジナル用途
スケートボード

テクノロジー
バルカナイズドソール、ワッフルソール

付属品
サイン入りボックス

225

そして忘れてはいけないのが…

スニーカー業界の大手ブランド以外にも、スポーツシューズを作り、有力メーカーと競い合っている小さな企業が数多く存在する。そうしたメーカーがスニーカー文化に大きな影響を与えることも多く、大勢のファンやフォロワーを集めている。こうしたスモールブランドからリリースされた記憶に残る限定版もいくつか紹介したい。

A Bathing Ape (ア・ベイシング・エイプ、BAPE) は日本のカルト的ブランドで、ストリートウェア界のパイオニアであるNigoが1993年に設立した。もとはアパレルの限定品で構成されたラインだったが、その後ライフスタイルフットウェアにも進出。なかでも有名なBAPESTAは、ナイキの「エアフォース1」をあからさまにまねているとして論争を呼んだ。BAPESTAのコラボ用モデルとして人気は依然として高く、現在もリリースが続いている。

PONY (ポニー) はバスケットボールコートからライフスタイル市場へと参入したブランドで、忠実なファン層を築いている。ニューヨーク中心のブランドと見られることが多いが、PONYが"Product of New York (ニューヨーク産品)" を略した名称であることを知る人は少ない。このブランドのNYCの遺産は、ビッグアップルの有名人たち、たとえば写真家のリッキー・パウエルやファッションデザイナーのディー＆リッキーらとのコラボレーションに反映されている。

PRO-Keds (プロケッズ) は、1949年にKedsが設立したニューヨークのブランドで、バスケットボールシューズから始まり、ライフスタイル部門でも徐々に力をつけてきた。クラシックモデルの「ロイヤル」は、そのクリーンなアッパーのシルエットのために、今もコラボ用モデルとして人気がある。

Saucony (サッカニー) は伝統あるアメリカのアスレチックフットウェアメーカーで、ランニングとウォーキング用シューズが主体。限定版やコラボ版でライフスタイル用スニーカーにも積極的に取り組んでいることから、再び勢いを得ている。

Lacoste (ラコステ) の伝説は1933年にフランスで生まれた。当初は今では有名になったワニのワンポイントロゴが入ったテニス用シャツに集中していた。しかし、その豊かな伝統と多くのサブカ

ルチャーと結びついてきた歴史から、コラボレーターたちの人気の選択肢となっている。このブランドのアスレチックフットウェア分野への進出は、総じて高く評価されてきた。

　フランスのスポーツ用品業界は長い伝統を誇る。Le Coq Sportif（ルコック・スポルティフ）がもう1つの代表ブランドだ。1882年創業のこのブランドは、サッカーとの結びつきが強く、今もそのアイデンティティを保っている。

　ヨーロッパ3ブランドの締めくくりはFILA（フィラ）で、1911年頃に創業した伝統あるイタリアのブランドだ。アスレチックシューズとアパレルに集中してきたFILAは、最近になって多くのコラボ企画を手掛けるようになった。

LACOSTE MISSOURI x KIDROBOT
ラコステ ミズーリ × キッドロボット

ゲーム、セット、アンドマッチ

　2007年、ラコステのKidrobot（キッドロボット）コレクション3モデルがリリースされた。「ミズーリ」「レヴァン2」「レヴァン3」である。それぞれアッパーに上質素材を組み合わせ、Kidrobotのおもちゃやアパレルをイメージしたグラフィックを加えている。

　「ミズーリ」には、グレーのスエードと3Mのアッパーに、白のパーフォレートレザーのトウボックス、"ボーンズ（骨）"プリントのタンとヒートパネルを採用。"ボーンズ"のモチーフは同じシーズンのKidrobotのアパレルラインにも見られる。また、"ラビット"のキャラクターを取り入れたものもある。

　Kidrobotの創業者ポール・バドニッツとチャド・フィリップスは、コレクター市場に応えて各モデルを500足限定販売にし、シューズに合わせたPEECOL（ピーコル）のフィギュアもパッケージに含めた。よく見ると、PEECOLのポケットの中にテニスボールが入っている。

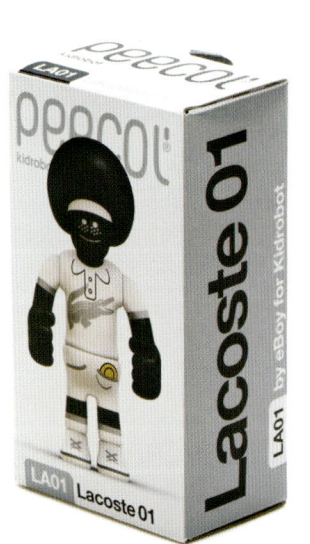

228

シューズデータ

エディション
Kidrobot

発売年
2007年

オリジナル用途
テニス

テクノロジー
ピボットポイント、
フォアフットストラップ

付属品
PEECOL（ピーコル）の
フィギュア

LE COQ SPORTIF ÉCLAT x FOOTPATROL
ルコック スポルティフ エクラ × フットパトロール

シューズデータ

エディション
Footpatrol

発売年
2012年

オリジナル用途
ランニング

テクノロジー
プラスチックの
ヒールカウンター、
ガムソール、ギリーレーシング

付属品
共同ブランドのソックス、
ナイロンのシューズバッグ、
キャンバス地のトートバッグ

レトロランニング、永遠のクラシック

　ルコックスポルティフの2012年版のレトロランニングシューズ「エクラ」は、ロンドンのスニーカーショップ、Footpatrol（フットパトロール）との初のコラボレーションで生まれた。

　落ち着いた色合いのベースに赤のアクセントを加えた配色は、年間を通して履くスニーカーという考えを基にしている。プレミアムスエード、超軽量のナイロンとスコッチライトのアッパーにラバーとガムソールと組み合わせた。タンラベルのロゴは両ブランドのロゴを組み合わせたもので、ルコックスポルティフの三角形の中にFootpatrolのガスマスクが入っている。

　85足という生産数は、このモデルが最初にリリースされた年を表している。

A BATHING APE BAPESTA
x MARVEL COMICS

ア・ベイシング・エイブ ベイプスタ × マーベル・コミックス

スーパーすばらしいBAPE

　2005年、A Bathing Ape (BAPE) とコミック界の巨人マーベルのコラボレーションで、マーベルBAPESTAが生まれた。このコレクションにはスパイダーマン、キャプテン・アメリカ、インクレディブル・ハルク、シルバーサーファー、マイティ・ソー、アイアンマン、ヒューマン・トーチなど、マーベルのスーパーヒーローたちをイメージしたカラーが使われている。

　マーベルのロゴの刺繍、インソールのプリントとヒール部分のキャラクターの転写プリント、BAPEの特徴である鮮やかな色遣いを生かした配色など、ディテールへのこだわりが際立つ。

　マーベルモデルはすべてプラスチックのパッケージ入りの限定生産で、コレクション用のアクションフィギュアをイメージしている。

　写真のインクレディブル・ハルク版はハルクが怒ったときの緑の肌色と、破れた紫の短パンをイメージしたもの。マーベル版は現在、450ドルほどの値がついている。

シューズデータ

エディション
Incredible Hulk

パック
'Marvel Comics'

発売年
2005年

オリジナル用途
ライフスタイル

付属品
プラスチックパッケージ

A BATHING APE BAPESTA
x NEIGHBORHOOD

ア・ベイシング・エイブ ベイプスタ × ネイバーフッド

シューズデータ

エディション
Neighborhood

発売年
2004年

オリジナル用途
ライフスタイル

日本の希少モデル

　日本のストリートウェアブランドを代表するA Bathing Ape（ア・ベイシング・エイプ）とNeighborhood（ネイバーフッド）の初期のコラボレーションとして2004年にリリースされたこのモデルは、世界で100足だけの限定販売だった。

　多くがこのスニーカーを"陰陽"と呼ぶ。黒と白の配色が左右で逆に使われているからだ。アッパーはプレミアムレザー製で、ヒールに"NY"の文字が刺繍されている。

231

SAUCONY SHADOW 5000
x BODEGA 'ELITE'

サッカニー シャドウ5000 × ボデガ「エリート」

クラシックモデルがふさわしい評価を得た

サッカニーとボストンのBodega（ボデガ）が、2010年に新たなサブライン「サッカニーエリート」を立ち上げた。過小評価されていたクラシックモデルへの正しい認識を取り戻すことを目的に、両ブランドは豚革のライニングとパーフォレート加工したヌバックなどの上質素材に、鮮やかな色を加え、忘れられていたスニーカーたちをよみがえらせた。

このシリーズの1つが「シャドウ5000」で、もとは日本市場だけで売られていた。サッカニーはその後、これに別のタンラベルをつけて他の地域のショップにも在庫を置いた。日本版は"Shadow 5000"、その他の地域ではサッカニーエリートの"翼つき"ロゴのラベルがついている。

シリーズの他のモデルには「シャドウ6000」「ハングタイム」「エリートグリッド9000」「エリートジャズ」「マスターコントロール」などがある。

シューズデータ

エディション
Bodega 'Elite'

発売年
2010年

オリジナル用途
ランニング

テクノロジー
クッション入りヒールとアンクルカラー、クッション入りフットベッド、XT600ラバーアウトソール、EVAミッドソール

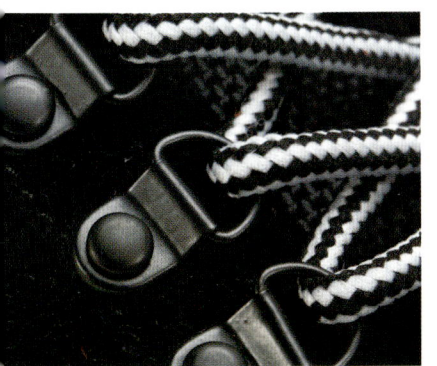

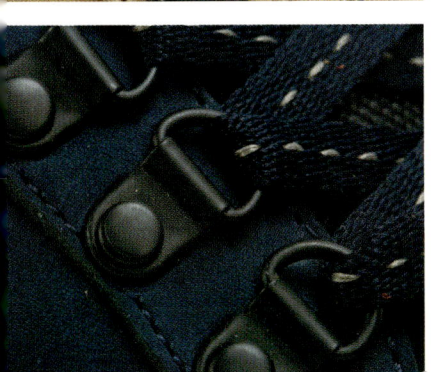

FILA TRAILBLAZER
x FOOTPATROL

フィラ トレイルブレイザー × フットパトロール

トレイルブレイザーのために道をあける

　フィラの1990年代の"マウンテン"コレクションの中でも優れたモデルとして知られる「トレイルブレイザー」は、ストリートとイギリスのレイブシーンでとくに人気が高かった。

　2012年、Footpatrol（フットパトロール）とのコラボで、「トレイルブレイザー」と「トレイルブレイザーAM」と呼ばれるハイブリッド版がよみがえった。

　Footpatrol版トレイルブレイザーは、できるだけオリジナルに近い形を保ち、アンクルのデボス加工したFootpatrolのロゴや、インソールのデュアルブランディングなど、控えめなディテールを加えるにとどめている。トレイルブレイザーAMは、新しい特徴を加えたアップデート版で、ブラウンラバーのアウトソール、レザービーディングのタン、滑らかなプレミアムヌバックのアッパーを特徴とする。

　カラーは各モデル2色ずつ。

シューズデータ

エディション
Footpatrol

発売年
2012年

オリジナル用途
アウトドア

テクノロジー
ギリーレーシング、
ブラウンラバーアウトソール

233

プロケッズ ロイヤルマスター DK
「ハンティングプレイド」× ウールリッチ

戦って手に入れるだけの
価値ある冬用スニーカー

プロケッズは伝統あるアウトドア衣料ブランド「Woolrich（ウールリッチ）」とのコラボでこの限定版をリリースした。

Woolrichの有名なハンティングプレイドの生地を「ロイヤルマスターDK」のアッパーに使い、パッド入りアンクルサポートをはじめ、全体にDKの洗練されたディテールを取り入れている。

チャコール、ネイビー、レッドの3色。それぞれに白のシューレースとラバーのトウキャップ、白のバルカナイズドソールユニットを合わせ、コントラストを高めた。タンにはプロケッズのブランディング、白いミッドソールの上に赤と青のプロケッズ定番のストライプが入っている。

PRO-KEDS ROYAL MASTER DK
'HUNTING PLAID' x WOOLRICH

234

シューズデータ

エディション
Woolrich 'Hunting Plaid'

発売年
2012年

オリジナル用途
バスケットボール

テクノロジー
バルカナイズドラバーソール、
モールデドリムーバブル
フットベッド、
トウガード

シューズデータ

エディション
Patta

パック
'5th Anniversary'

発売年
2009年

オリジナル用途
バスケットボール

テクノロジー
バルカナイズドソール、モールデッドリムーバブルフットベッド、トウガード

付属品
買い物バッグ

PRO-KEDS ROYAL LO x PATTA
プロケッズ ロイヤルロー × パッタ

プレミアムレザーが
プロの気品にフィット
（ロイヤルティ）

　2009年はオランダのスニーカーショップ、Patta（パッタ）の5周年に当たり、その記念としてアメリカのプロケッズとチームを組んだ。プロケッズのバスケットボール用トレーナーシューズは1970年代に多くのプレイヤーの足を飾った。そこで、このコラボレーションでは「ロイヤルロー／ハイ」のプレミアム版が作られた。

　白のプレミアムペブルドレザーのアッパーに同色のブランディングが施され、エナメルのアイレット、レザーのシューレース、クラシックなガムソールという構成だ。リリースされるスニーカーにアクセサリーを加えることで知られるPattaは、キャンバスとレザー製の丈夫な買い物バッグをパッケージに含めた。

PRO-KEDS 69ER LO
x BIZ MARKIE

プロケッズ 69ER ロー × ビズ・マーキー

絶対に沈まない

　2011年、プロケッズはヒップホップアーティストのビズ・マーキー（マーセル・ホール）と組んで、「69erロー」の新たなバージョンを生み出した。

　レザー製のアッパーはオリーブとブラックの2色があり、それぞれ300足の限定生産。高級ホワイト版はPacker Shoes（パッカーシューズ）とのコラボで150足が作られた。どのシューズにも、タンと特注のインソールにビズ・マーキーのスタンプが押してある。

　ビズ・マーキーのUSBメモリースティック付き特製プレミアムボックス入りで販売された。

236

シューズデータ

エディション
Biz Markie

発売年
2011年

オリジナル用途
バスケットボール

テクノロジー
バルカナイズドソール、モールデッリムーバブルフットベッド、トウガー

付属品
プレミアムボックス、USBメモリースティック

PONY SLAM DUNK VINTAGE x RICKY POWELL
ポニー スラムダンク ヴィンテージ × リッキー・パウエル

スラムダンク・フォトファンク

2012年、ストリートの写真家として知られるリッキー・パウエル――ビースティ・ボーイズ、LLクールJ、Run-DMCらデフ・ジャム・レコードのアーティストの写真で有名――が、ポニーと組んで1982年のバスケットボールモデル「スラムダンク」の新たなデザインに取り組んだ。

厳格なベジタリアンのパウエルは、動物由来の素材はいっさい使いたくなかった。そこで、代わりにワックスをたっぷり塗ったキャンバス地のアッパーを使い、レザーシューズと同じくらい丈夫で長持ちすることを強調した。

コラボレーションの宣伝のため、ロンドンのFootpatrolとアムステルダムのSPRMRKTでは、2種類のTシャツを含むコレクションを店内イベントで展示し、パウエルのプライベートスライドショーを上映した。パウエル本人もやってきて、彼の有名な「The Dog Walker（犬を散歩させる人）」の写真にサインを入れた。彼のサインはスニーカーのタンの上にも見つかる。そして、「The Dog Walker」の写真がインソールとボックスの蓋にも使われている。

レッド／シルバーのヴィンテージ「ダンク」はアメリカと日本だけでリリースされ、ネイビー／シルバー版は世界のポニー取扱店の一部でも入手できた。

シューズデータ

エディション
Ricky Powell

発売年
2012年

オリジナル用途
バスケットボール

テクノロジー
バルカナイズドソール、トウガード

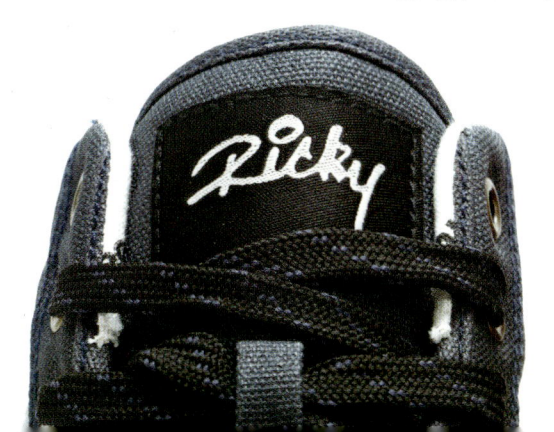

237

PONY M100 x DEE & RICKY
ポニー M100 × ディー&リッキー

双子の歩み

　ポニーは最近、M100のカムバック版を再リリースした。1988年の発売当時は非常にハイテクのシューズとみなされ、サイドのグリル型の通気穴、なめらかなレーシングシステム、安定性を高めるヒールクリップを特徴とした。明るいカラーリングと粗い質感の素材は、1980年代にこのモデルを履いていたハスラーやストリートボーラーをイメージしている。

　ニューヨークで生まれ育った双子のデザイナー、ディー&リッキーは、2012年にポニーとコラボを組み、M100の限定版を双子の26歳の誕生日にリリースした（写真はそのうちの3種類）。2人はM100のにぎやかで明るいカラーブロッキングに、レザー、スエード、3M、バリスティックナイロン、ウール、パテントレザーなどの上質素材を組み合わせ、この80年代の宝に息を吹き込んだ。

シューズデータ

エディション
Dee & Ricky

発売年
2012年

オリジナル用途
バスケットボール

テクノロジー
マイクロピローヒール、通気用ホール、ハイトレルアンクルサポートシステム、ギリーレーシング

239

コラボレーター

コラボレーションは、本当に地味で目立たないスニーカーでさえ、誰もが欲しがるモデルに変身させることができる。ショーズの背景にあるストーリーがカラーの選択、素材の応用や変更に重みを加え、さまざまな要素が統合されてユニークなパッケージが完成する。

豊かな歴史と気風を持つブランドだけが、スニーカー史に残る限定版のリリースを成功させてきた。ブランドとそのパートナーが最初のコラボレーションで市場にインパクトを与えることができれば、パートナーシップの継続が約束される。Patta（パッタ）はその代表的な例で、ナイキの「エアマックス」に新たな解釈を加えたコラボ商品を次々と送り出してきた。

HTM（ナイキでもとくに長期にわたるパートナー関係）のような重要なコラボレーターたちは、彼ら自身のファンを集めるようになった。2002年、クラシックモデルの「エアフォース1」の新デザインで市場を驚かせたHTMは、それ以降、ナイキのイノベーションを紹介する"間違いのない"オールスターとしての地位を築いた。彼らは未知のコンセプトをコレクター価値の高いモデルとして実現することができる。Crooked Tongues（クルックドタンズ）とFootpatrol（フットパトロール）もコラボレーターとしての評価が高く、そのデザインは時代を経ても色あせることがない。主要ブランドのほとんどと長期的な提携を結んできた彼らは、スニーカーに関する豊富な知識を持ち、目利きの消費者の視点をコラボレーションに持ち込むことができる。代表的なクラシックモデルとそのカラーリングにインスピレーションを求め、ディテールに特別な注意を払い、クオリティに妥協することなく、ときには値段以上の価値をスニーカーに付け加える。

このセクションでは、とくに評価の高いコラボレーターに目を向け、ブランドとしての歴史やスニーカーにまつわるエピソードを通して、なぜ彼らが偶像的存在になったのか、何が彼らを突き動かしているのかを簡単に紹介しようと思う。

HTM

HIROSHI TINKER MARK

スニーカー界の大物3人——藤原ヒロシ (Fragment Design)、ティンカー・ハットフィールド (ナイキのデザインと特別プロジェクト担当副社長)、マーク・パーカー (ナイキCEO兼デザイナー) ——が、1990年代初めにHTMコレクティブを結成したとき、ナイキにとって特別な存在となるパートナーシップが誕生した。

トリオは全員がスニーカー産業での経験が長く、この知識がスニーカーデザインへのアプローチに新たな可能性を切り開いた。HTMは有機的なチームで、それが彼らにルールや制限に縛られることなく自由にデザインする機会を与える。この開かれたコラボレーションのアプローチが、スニーカーの常識をくつがえすいくつかの独創的なモデルを生み出した。

HTMはスニーカーファンを驚かすのが大好きだ。素材、色、パターンに関してはそれまでの境界線を押し広げ、機能とスタイルの面でも既成概念に挑戦する。通常、ナイキのインスピレーションに富んだ新しいテクノロジーとシルエット——たとえば「エアウーヴン」(p.110-111) や「HTMフライニット」(p.152)——に真っ先に取り組むのは彼らで、最先端のテクノロジーを中心に据えながら、美しさでも際立つスニーカーをつくり出している。

その結果、HTM商品はいつも人気が高い。HTMパートナーシップこそ最高の形のコラボレーションだ。

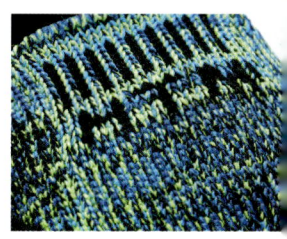

MISTER CARTOON

ミスター・カートゥーン

マーク・マチャードは、彼のアートを通してニックネームのMr Cartoon (ミスター・カートゥーン) を手に入れた。まだ幼いころからTシャツと改造車にスプレーで描いていた彼は、すぐにグラフィティアーティストとして知られるようになった。しばらくタトゥーショップで入り浸っていたことから、ごく自然にインクの世界に入り、今や有名になった独自のスタイルを身につけた。細かいラインのタトゥーは、カリフォルニアの刑務所で発明されたものだ。

ヒップホップ界で人気のMr Cartoonのアートは、雑誌、サイプレス・ヒルなどの音楽ビデオやCDジャケットに使われ、彼のインクは多くのセレブたちの皮膚に刻み込まれている。アーティストとして忙しい日々を過ごしながらも、メキシコ系アメリカ人でスニーカー愛好者のエステヴァン・オリオールとともに衣料ブランド「Joker Brand Clothing (ジョーカー・ブランド・クロージング)」の経営にもあたっている。ほかにマーケティング会社SAスタジオと、車用品を扱うSanctiond Automotive (サンクションド・オートモーティブ) も持っている。

Mr Cartoonのスタイルと影響力は、ヒップホップ界で人気のナイキ「エアフォース1」での初のコラボレーションへとつながり、細かいラインが特徴のアートスタイルをスニーカーにも持ち込んだ。ほかに、バンズとも多くのプロジェクトで提携している。現在まで8種類のコラボスニーカーを手掛けてきた。

241

Dave White
デイヴ・ホワイト

英国人アーティストのデイヴ・ホワイトは、20年以上作品展示を続けてきた。しばしばポップカルチャーの影響が見てとれるホワイトの作品は、表現が独創的で力強い。彼のデザインは幅広い層にアピールし、その結果、AOL、コカ・コーラ、コンバースなどのブランドと提携してきた。

2002年から、ホワイトは"スニーカーアート"運動の先駆者としても知られるようになった。"ウェットペイント"スタイルを生み出したのがホワイトだ。ナイキとジョーダンブランドのクラシックモデルに油絵の具でペイントし、それが世界中で展示されて絶賛された。

2005年には再びナイキとのコラボレーションで"ネオンパック"(p.125)のデザインに取り組み、それがスニーカーデザインというアートを定着させた。2011年にはジョーダンブランドのチャリティプロジェクト「WINGS for the Future (未来への翼)」(p.172-73) に参加、彼がデザインした23足のシューズはオークションで2万3,000ドルの資金を集めた。2012年にリリースされた「デイヴ・ホワイト×エアジョーダン I」が、この年に最も話題となったトレーナーになったのも驚くことではない。

RONNIE FIEG
ロニー・フィーグ

ロニー・フィーグはニューヨークで活動するデザイナーで、クイーンズで生まれ育ち、幼いころからフットウェア文化に浸ってきた。マンハッタンの靴店「David Z (デイヴィッドZ)」の商品補充係からバイヤーに出世したフィーグは、スニーカーについての膨大な知識(とコレクション)を持ち、それが自分自身のスニーカーを作りたいという野心を育てた。

2007年、フィーグは初のブランドとのコラボレーションで、アシックスの「ゲルライトIII」の5種類のデザインを手掛けた。このシリーズは成功を収め、252足すべてが1日で完売した。その後は、アシックスとのコラボを継続するほか、アディダス、クラークス、コンバース、ハーシェルサプライ、ニューバランス、ポロ・ラルフローレン、プーマ、レッドウィングシューズ、サッカニーなど、数多くのブランドとも提携してきた。

2011年、フィーグは自身のストリートウェアショップ「KITH (キス) NYC」をオープンした。彼がコラボレーションしてきたブランドの多くを扱い、コラボ商品を独占販売することもある。どうしたら優れたスニーカーになるかについてのフィーグの知識は他の追随を許さず、クラシックモデルへの幅広い解釈についても彼に並び立つ者はいない。

HANON-SHOP

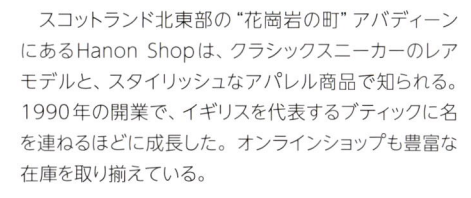

ハノンショップ

スコットランド北東部の"花崗岩の町"アバディーンにあるHanon Shopは、クラシックスニーカーのレアモデルと、スタイリッシュなアパレル商品で知られる。1990年の開業で、イギリスを代表するブティックに名を連ねるほどに成長した。オンラインショップも豊富な在庫を取り揃えている。

Hanon Shopのチームは、多くのビッグネーム——ニューバランス、サッカニー、アディダスなど——とのコレボレーションを経験してきたが、そのほとんどのデザインに共通するテーマを使っている。アバディーンの町を誇りに思う彼らは、スコットランドの文化、素材、さらには天候さえもスニーカー上で表現する。たとえば、アシックスの「ゲルライトIII "ワイルドキャッツ"」(p.53)には、地元のランニングクラブのイメージカラーを使った。

Hanonの作品は伝統的なデザインを体現しているが、素材とテクノロジーの使い方にはつねに新鮮な視点を持ち込んでいる。

FOOT PATROL

フットパトロール

創業者のマイケル・コペルマン、サイモン・ポーター、フレイザー・クックが最初にソーホー中心部のFootpatrol (フットパトロール) のドアを開いたのは、2002年のことだった。コレクターが最も探し求めているストリートウェア——日本の限定商品や希少なデッドストックなど——の在庫を確保することですぐに評判を築いたFootpatrolは、ロンドンのスニーカーマニア御用達の店になった。

2008年に閉店したものの、2010年にJDスポーツ (ペントランド・グループ) の経営下でバーウィック通りに新たに開店したときには歓迎された。店舗のデザインは、日本の小さなブティックをモデルにしたといわれ、傾斜した天井が特徴的で、親しみやすい"古着屋"の雰囲気がある。内装に使われた材質は素朴で頑丈なもので、Footpatrolがデザインするスニーカーにもその精神が反映されている。要するに、実用性とデザインがシームレスに融合している。この考えはJD傘下に入っても維持された。評価の高かった2012年のアシックスとのコラボ版「Footpatrol×ゲルサガII」(p.58)は、この店舗の内装に使われている自然素材からインスピレーションを得たものだ。

243

A BATHING APE
ア・ベイシング・エイプ

日本のストリートウェアレーベルで100万ドル規模のブランドとして知られるA Bathing Ape (BAPE) は、日本、アジア、ロンドン、パリ、ニューヨークに店舗を展開し、その後、ヘアサロンのBAPEカッツ、レコード会社のBAPEサウンズ、BAPEカフェやギャラリーを次々に設立して事業を拡大した。

創業者のNigoは1993年、カルト映画『猿の惑星』からヒントを得て、有名な猿の顔のロゴと店舗名を選んだ。「ぬるま湯に浸かった猿」のフレーズは、甘やかされて育った日本の若者たちを表す。彼らはBAPEの熱烈なファンになるタイプの人たちでもあり、それもブランド名の決定に影響を与えたといわれる。

Tシャツ、パーカー、ジーンズ、ジャケットから始まったBAPEは、その後、ナイキの「エアフォース1」をモデルにした独自のフットウェアBapesta (ベイプスタ) も作るようになった。その一方で、主要スニーカーブランドとのコラボレーションにも乗り出し、なかでもアディダスの「スーパースター」や「キャンパス」のデザインは有名だ。すべてのBAPE製品は限定数の製造で、特徴的なデザインのスニーカーを何としてでも手に入れようと世界中のファンが長い列を作り、あっという間に売り切れる。

2011年、BAPEは香港の大手ファッションブランドI.Tに売却された。I.Tは300万ドル近くを使ってBAPE株の90パーセントを握ったとされる。Nigoは最初の数年はクリエイティブディレクターとしてこのブランドに残っていた。

244

Stüssy
ステューシー

ショーン・ステューシーは1984年に友人のフランク・シナトラ・ジュニアとともに、自分の名前を冠したサーフウェアブランドを立ち上げた。今では世界的に有名になり、カリフォルニアの老舗衣料ブランドの一角を担っている。

象徴的なロゴは、ショーンが手製のサーフボードにマーカーペンで書いた自分の名前がもとになっている。のちにそのロゴを、彼が車のトランクの上に載せて売っていたTシャツや帽子にも使うようになった。サーフウェアでの流行はすぐにスケートボード、パンク、ヒップホップなど、ストリートの他のサブカルチャーにも受け入れられていった。

ブランドは大きく成長し、今はほとんどすべての大陸に系列の"Chapter (チャプター)"の店舗が開店している。創業から30年以上が過ぎた今も、Stüssyは人気の限定商品を発表し続けている。

2000年にはナイキとの初のコラボレーションの機会を手に入れた。このときにはイギリスでの販売を任されていたマイケル・コペルマンとナイキのフレイザー・クック (2人はその後、Footpatrolを設立する) が「エアハラチ」で協力した。その後にリリースされたモデルには、友人と家族向けの「エアハラチライト」がある。これは、別のブランドの名前が入ったナイキ初のスニーカーだった (p.101)。Stüssyはナイキとのインパクトの大きいコラボに加え、コンバース、バンズ、アディダスともパートナーシップを組んできた。

Supreme

シュプリーム

Supremeは1994年にジェームス・ジェビアがマンハッタンのダウンタウンにあるラファイエット通りに開店したショップで、今では世界中に知られるブランドとなった。バーバラ・クルーガーのプロパガンダアートを基にしたロゴは、スケートボードやストリートカルチャーの同義語である"フューチュラ・ヘビー・オブリーク"のフォントを使っている。

スケートボーダーとアーティストの集まりから発展したショップで、彼らは店舗スタッフ、クルー、顧客でもあるため、このブランドの中核にはつねにダウンタウンカルチャーがあった。テリー・リチャードソン、ジェフ・クーンズ、レイクウォン、レディ・ガガなど、世界的に有名なデザイナー、アーティスト、写真家、ミュージシャンとの共同作業やコラボレーションを通して、つねに最先端の話題性のあるショップとして注目を集める。商品は世界中に流通し、日本とロンドンに海外店舗も開店した。

スケートボード文化を背景にしたSupremeは、ナイキSBとバンズにとっては欠かせないコラボレーターだ。ナイキを代表するモデルのいくつか（たとえば「ズームブルーインSB」と「エアトレーナーII SB」）で、その進化に重要な役割を果たした。また、バンズとのコラボでも、ポップアートを効果的に取り入れる手法や、有力アーティストやミュージシャンを引き入れられる強みで、リリースするデザインは人気となり、いくつものコラボレーションを大成功に導いた。

UNDEFEATED

アンディフィーテッド

同じ考えを持つ2人が2001年にUndefeatedの1号店を開店した。ジェームス・ボンドとエディ・クルーズはどちらも自ら認めるスポーツオタクで、アート、音楽、ファッションへの情熱も共有していた。これらの興味の対象を1つにまとめた結果がUndefeatedのオープンだった。

ロサンゼルス生まれのこのブランドは、今では全米と日本に店舗を構え、商品は世界中のほぼ全域に流通している。各種スポーツのストリートウェアの限定商品を専門的に扱い、特徴的な5本線のロゴは、屋外でスポーツを楽しむ若者たちが路上にチョークで書いた得点を思い出させる。

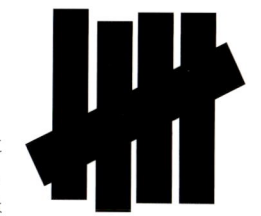

このプレミアムブランドは、スポーツイベントやパーティーのスポンサーを務めることで、コミュニティに還元している。LA店に掲げられている屋外看板はナイキがスポンサーになったもので、広告というよりはジェフ・マクフェトリッジ、KAWS、ホセ・パルラ、ケヒンデ・ワイリーなどのアーティストたちの作品を展示する場となっている。

Undefeatedはスニーカーコラボレーションに熱意を注ぎ、アディダス、ニューバランス、ナイキ、プーマ、リーボック、バンズとパートナーを組んできた。2001年以降、カラーと素材のさまざまな組み合わせを実験し、実用的でシンプルなものから驚くほど複雑なものまで幅広いデザインのシューズを送り出してきた。評価の高いデザインはつねにファンからの圧倒的な支持を集めている。

mita sneakers ミタスニーカーズ

東京下町の上野に店舗を構える有名な老舗スニーカーショップ。もともとは下駄やわらじなど伝統的な日本の履物を扱う「三田商店」としてスタートした。現オーナーの三田耕三郎には先見の明があり、スニーカーに注目して集中的に取り扱うようになった。やがて1990年代のスニーカーブームに幅広い品揃えで対応したことで、この地域では最も注目されるショップに成長した。

それ以来、クリエイティブディレクターの国井栄之は、多くのブランドとのコラボレーションで、世界中のスニーカーファンに支持される限定版を送り出してきた。

コラボ版にはミタスニーカーズを象徴する金網モチーフがインソールにプリントされていることが多い。

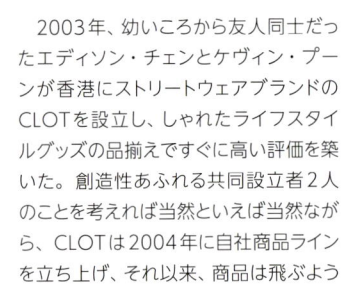

CLOT クロット

2003年、幼いころから友人同士だったエディソン・チェンとケヴィン・プーンが香港にストリートウェアブランドのCLOTを設立し、しゃれたライフスタイルグッズの品揃えですぐに高い評価を築いた。創造性あふれる共同設立者2人のことを考えれば当然といえば当然ながら、CLOTは2004年に自社商品ラインを立ち上げ、それ以来、商品は飛ぶように売れてきた。これが有名なストリートウェアのデザイナーズショップ「JUICE」の開店につながり、香港、上海、台北、クアラルンプールなどアジアの主要都市で店舗を展開してきた。

このブランドは音楽とファッションからデザインサービス、PRコンサルティング、イベント企画にまでビジネスを拡大させた。CLOTレーベルは東西の若者カルチャーのコラボレーションを促進し、このスタンスがカニエ・ウェスト、ディズニー、ラコステ、アディダス、ナイキ、コンバース、バンズなど、世界的ブランドとのスニーカーコラボレーションの鍵となっている。

2006年、ナイキの代表モデル「エアマックス1」とのコラボとして"Kiss of Death（死のキス）"（p.115）をリリース。中国の医学にインスピレーションを得たものだ。このモデルはスニーカーヘッドたちを興奮させただけでなく、ナイキと香港拠点のブランドとの記念すべき初のコラボレーションとなった。

Patta
パッタ

利益や目新しさを求めてというより、愛と必要性から、Pattaはニューウェザイズ・フォールブルフワル通りに2004年に開店した。アムステルダムの中心部に位置するこのショップは、オランダに新たな興奮を持ち込むことで注目の的となった。輸入もののシューズを扱うショップは、比較的短期間で得意先ブランドに一流店舗として認められるようになり、それが商品でのコラボレーションに発展し、アムステルダムのワンストップショップとして、またストリートウェア文化のプラットフォームとしての地位を築いた。

8年後、Pattahaは歴史的なゼーデイク地区に店を移転し、なじみのあるPattaの雰囲気に、新たな外観と感触を加えた。ショップスペースはさまざまなフットウェア、アパレル、アクセサリー、そしてもちろん、Pattaブランドのショーケースとなるようにデザインされている。

ナイキ、アディダス、コンバース、アシックス、リーボック、カンガルーズ (KangaROOS)、ニューバランス、ユービック (UBIQ) などの主要ブランドのほかに、Stüssy、Rockwell、kangol、Norse Projectsなどのアパレルブランドの商品も扱っている。成長と拡大がこのまま続けば、また新たなアイデア、コンセプト、商品が生まれ、さまざまなブランドとのコラボレーションが実現していくことだろう。

247

SNEAKERSNSTUFF
スニーカーズ・アン・スタッフ

スウェーデンをスニーカー文化の中心地の1つとして位置づけたのが、Sneakersnstuffだった。店舗はストックホルムとマルメの2店だが、オンラインショップも充実している。

オーナーのエリック・ファーゲリンドとペーテル・ヤンソンは、1999年の開店以前から熱烈なスニーカーコレクターで、彼らの友人たちがアメリカでやっていたのと同じように、特別なスニーカーをスウェーデンでも入手できるように手を尽くした。もちろん、入手困難なプレミアムスニーカーのほかに、愛すべきクラシックモデルも取り揃えている。このショップは、アディダス、リーボック、ニューバランス、コンバースなど多くのブランドとのコラボレーションを重ねてきた。多くのデザインはシンプルな色合いのスカンジナビアスタイルで、質感や素材へのこだわりがすべてだ。よく使われているのが極上の柔らかさを持つ動物の本革やウールで、見かけが優れているだけでなく機能性もある。過度な装飾を避けた"SNS"のロゴが、シューズの上で控えめに主張している。

同じ価値観を持つ何人かがロンドンのショップの外のベンチに集まったことから始まったものが、世界最大のスニーカーサイトとフォーラム「Crooked Tongues (CT)」(クルックドタンズ) になった。2000年、オーナーのラッセル・ウィリアムソンと友人たちは、彼らが熱中しているものを生活の糧を得るものに変えた。彼らのウェブサイトはスニーカーに関する最も信頼できる情報源になり、ファンたちが新しいモデルへの興奮 (と不満) を吐き出す場所、また、クラシックモデル、希少なヴィンテージ、その他の人気デザインを扱うオンラインショップにもなった。CTはそれ以来、毎年恒例の伝説的なBBQイベントでも知られるようになった。このイベントは、遠くタイを開催場所にするなど世界的なものになってきた。

このオンラインショップが他と異なるのは、その正直なアプローチだ。オピニオンベースのこのサイトは、オンラインショップに在庫のあるシューズだけを宣伝することはない。その誠実さがコラボレーションにも反映されている。インスピレーションの源は、アーカイブに見つかるカラーリングからCTオンラインフォーラムまでさまざまだ。

CTはこれまでに多くのフットウェアブランドとのコラボを経験してきた。たとえば、「ニューバランス×House33×Crooked Tongues」(p.87) の1足限りのコラボモデルは、プレミアムレザーにHouse33の目を引くロゴが全体にプリントされている。

CROOKED TONGUES

クルックドタンズ

solebox

ソールボックス

ドイツのブティックでオンラインショップも持つSoleboxは、世界的な影響力を持つスニーカーショップとして、10年以上、希少モデルを探し求めるファンに応えてきた。実店舗はベルリンにあり、幅広いフットウェアだけでなく、衣料品、アクセサリー、雑誌なども扱う。

店舗は何度も改装を繰り返し、飾り気のない真っ白な内装から黒い壁に代わったが、つねに際立っているのは見事なシューズの品揃えだ。

ショップを所有するヒクメット社は、これまでに多くのブランドとのコラボレーションを手掛けてきた。高い評価を得たニューバランス版のほか、リーボック、アディダスのクラシックモデルなどのデザインにも取り組んでいる。

BEN DRURY
ベン・ドルーリー

　イギリスのデザイナー、タイポグラファー、イラストレーターのベン・ドルーリーは、ロンドンのセントラル・セント・マーティンズ・カレッジのアートデザイン学科を卒業後すぐに、ウィル・バンクヘッドとともにモーワックスレコードでのクリエイティブの地位を手に入れた。2人のアートディレクターはモーワックスの創業者ジェームス・ラヴェルとともに、アルバムジャケットやパッケージのための代表的アートを手掛け、それが書籍、映像、おもちゃ、アパレルにも使われてきた。有名なナイキの"ダンクル"(p.147)は、ドルーリーとバンクヘッドがグラフィティアーティストのFutura (フューチュラ) と手掛けたU.N.K.L.E.のアルバム『Never, Never, Land』からデザインと名前をとったものだ。

　モーワックスを離れたドルーリーは、2000年に自身のデザインスタジオを設立し、ナイキとコンバースとのコラボレーションを続けた。彼は、音楽、ストリート、ファッションカルチャーの影響をデザインに反映することが多い。個人では初となるナイキとのコラボ企画では、"アート"をテーマに「エアマックス1」のリワークに取り組んだ。そこで彼が選んだのが、海賊ラジオ放送とその電波をイメージしたもの (p.123) で、すぐさま成功を収めた。ナイキとの長期的関係は、ディジー・ラスカルと組んだ2009年の「エアマックス90」に結実した。ディジーの『Tongue N' Cheek』のアルバムのリリースに合わせて発表したモデルで、ドルーリーがアートデザインを担当した (p.118)。

BODEGA
ボデガ

　ジェイ・ゴードン、オリヴァー・マーク、ダン・ナトーラは、ボストンのピューリタンの影響を受けた中心部にほんの少し変化を引き起こそうと、2006年に他にはない店舗を開店することにした。彼らは1970年代のスペインの風潮にインスピレーションを得た。当時、人々は高級ブランド店から品物を盗み、ラベルを取り換えて自前のブランドとして売っていた。ハイジャックという考えが、Bodegaのコンセプトの基礎を成している。

　スペイン語のbodegaは、小さな食料雑貨店を意味する。ゴードンらのショップも、ピクルスにした卵から缶詰、洗濯洗剤まであらゆる日用品を売っている。ところが、この食料雑貨店を奥まで進むと贅沢なストリートウェアが並んでいる。Bodega自身の商品だけでなく、Stüssy、Penfield、Garbstoreの商品も扱っている。

　店を訪れる客は洗剤を買い求める老婦人から、次の限定版スニーカーを求める子どもたちまで幅広い。Bodegaはボストンに貴重な一石を投じた。その宣伝効果がコンバース、ナイキ、バンズ、サッカニーとの幅広いコレボレーションに結実して成功を収めてきた。

スニーカーを解剖する

ミッドソールとメディアルの違いがわからない？　スニーカーはデザインの重点をどこに置くかによって形もサイズも実にさまざまなため、解剖するのは大変な作業になる。しかし、基本的パーツという点では大部分のスニーカーが共通している。このページではスニーカーの基本用語を説明する。また、前作の刊行以降に導入されてきた新たなテクノロジーに関する用語を252ページにまとめている。

1. **トウボックス**
レザーまたはスエードを使うのが一般的で、パーフォレート（通気孔）加工をする場合としない場合がある。ランニングシューズでは、ナイロンメッシュで通気をよくしていることが多い。

2. **ミッドソール**
アッパーとアウトソールの間の部分。ブランドのロゴやプリント、エンボスなどで飾ることが多いが、何より重要なのはデザインよりも機能で、クッショニングテクノロジーの大部分がこのパーツに集中する。

3. **アウトソール**
ブランドによって、またシューズの目的によって大きく異なる。一般には摩耗に強いラバーが使われる。アウトソールはアッパーに縫いつけられるか接着されるかしている。

4. **フォクシング**
アッパーとソールを接合するラバー。

5. **フォアフット**
シューズの底で、親指の付け根にあるふくらみ部分の真下にあたる。通常は、足の動きを楽にするために、この部分に柔軟性を持たせたデザインにする。

6. **ヒール**
シューズのボトム部分の後ろ側。この部分はクッショニングがとくに重要になる。

7. **アイレット／アイレットステイ**
目的は2つあり、ひもを通すスピードを速めるため、あるいは安定性を高めるために使われる。

8. **インソール／ソックライナー／フットベッド**
シューズの中敷き（通常は取り外し可能）。ヒールカップとアーチサポートを含み、安定性を高める。デザイン、ロゴやモチーフのための完璧なキャンバスになる。素材にはポリウレタンを使うことが多い。

9. **タン**
シューズを足によりよくフィットさせ、サポート性を高める。

10. **シューレース（靴ひも）**
シューズをあるべき状態に整える。スニーカーで使われるシューレースは合成素材かコットン製が多いが、レザーや麻のものもある。

11. **アグレット**
靴ひもの先端部分にある小さな覆いで、ひもがほどけるのを防ぐ。通常はプラスチック製だが、金属を使って個性を出す場合もある。

12. **ヒールパッチ**
ブランディングのための重要なスペース。

13. **ヒールカウンター／サイドパネル**
シューズの後ろからサイドにかけて取り巻く部分で、丈夫なつくりにしてサポート力を増す。

14. **メディアル**
シューズの土踏まず側。

15. **ラテラル**
メディアルの反対側（外側）。

16. **ライニング**
アッパーの内側で、足やソックスと直接触れる部分なので、メーカーはライニングを柔らかく、通気性を保つよう努力する。

17. **アンクルカラー／アンクルサポート**
快適さとサポート性を高めるために強化されたりパッドが入れられたりする。ハイカットのシューズではとくに重要。

18. **アッパー**
ミッドソールとアウトソール以外のすべてパーツを合わせた部分で、スエード、レザー、ナイロンメッシュ、フェイクスキンなど、異なる素材を組み合わせることが多い。

19. **レースジュエル**
スニーカーによっては、シューレースの一番下側の部分に金属またはプラスチックの飾りを加えている。通常はブランドのロゴなどが入る。

20. **ループタグ**
必要なものではないが、タンの周りにつけてロゴを入れるか、ヒールタブの場合はヒール後ろ部分に突き出し、靴べらの役割を果たす。ヒールカウンターをつぶさずにシューズを履くことができる。

251

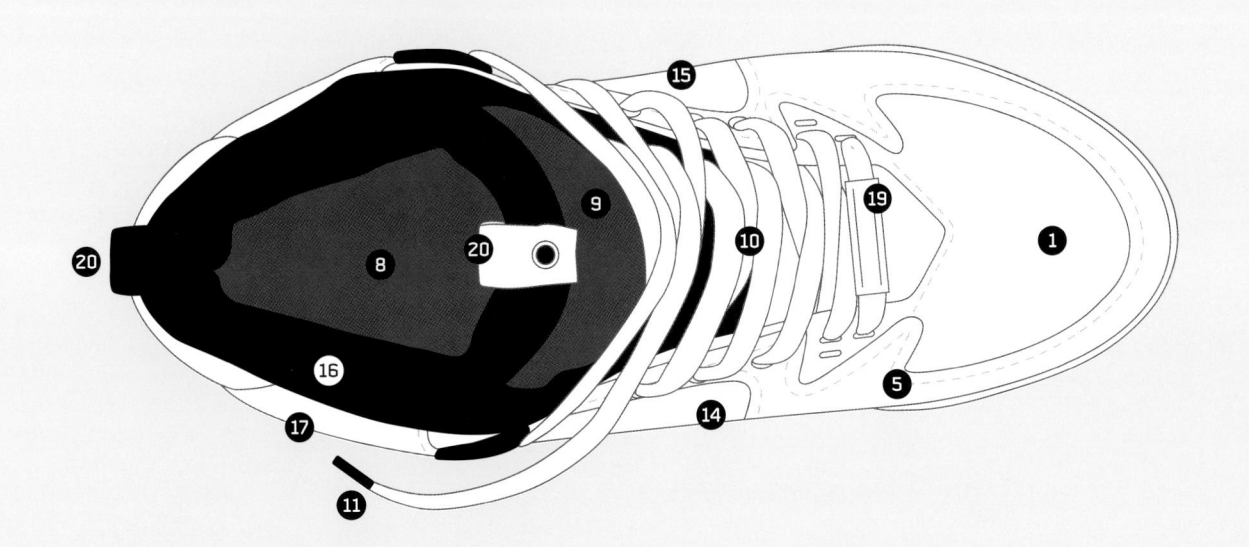

シューズテクノロジー用語集

3M Scotchlite (3Mスコッチライト)
夜間に光って見える反射素材のトリム。

Bellows (ベローズ)
ガゼットタンとも呼ばれる。タンをスニーカーの鳩目の付け根に縫いつけ、雪や雨が入り込まないようにしている。

Brown Rubber (ブラウンラバー)
空気を注入したアウトソール素材。通常のラバーより40%軽い。柔らかくて軽く、柔軟性に富む。

Dual-Density EVA Midsole (デュアルデンシティEVAミッドソール)
EVAを使い密度を倍にしたミッドソール。ミッドソールを堅く頑丈にする。

EVA (エチレン・ビニル・アセテート)
ミッドソールのクッション性と衝撃吸収を高めるために使われる軽量素材。加圧成形で圧縮することで、革の耐久性を高めている。

Ghillie Lacing (ギリーレーシング)
通常はD字型のアイレットで、フィット感を高めるとともに、すばやいレーシングを可能にする。

Gum Sole (ガムソール)
従来のラバーよりも柔らかく柔軟性があり、グリップ力を高める。室内コートに傷をつけない。

Herringbone Sole (ヘリンボーンソール)
グリップ力とトラクションを高めるためにアウトソールに使われる山形パターン。

Hook-and-Loop Ankle Strap (フック・アンド・ループ・アンクルストラップ)
アンクル周りに使われるベルクロストラップ。保護性、安全性、安定性を高める。

Laser (レーザー)
アッパーに柄を入れるため、レーザー機器で行うエッチング。

LEDライト
夜間に目立たせ、履く人の安全を高める発光ダイオード。

One-Piece Upper (ワンピースアッパー)
使用するパネルが少ないため超軽量を実現するアッパー。縫い目がないため、足とスニーカーの摩擦を軽減する。

Pivot Point (ピボットポイント)
ソール上にある円形のポイント。コート上での足の回転をサポートする。

PUSole (ポリウレタンソール)
軽量だが、滑りにくい合成樹脂のアウトソール。80年代のランニングシューズやトレーニングシューズに多く使われた。柔軟性と衝撃吸収性、トラクションを高める。

Thinsulate (シンサレート)
断熱効果のある合成繊維。熱の流れをよくし、湿気を逃す。

Toe Guard (トウガード)
通常はラバー製。コート上での激しい動きの間にもトウを保護する。

TPU (熱可塑性ウレタン)
堅さを自在に調整できる軽量で丈夫なプラスチック素材。シューズを安定させるプレートを作るために使われる。

Vulcanized Sole (バルカナイズドソール)
バルカナイズ製法 (加硫処理) には、ソールのラバーの硬化、熱によるアッパーへの接合などが含まれる。通常のラバーより耐久性が高まる。曲げても元の形が崩れることがない。

ADIDAS

Adizero (アディゼロ)
軽量構造。

Criss-Cross One-Piece Ankle Bracing System (クリスクロス・ワンピース・アンクルブレーシングシステム)
外側サイドパネル上のX型パネルで、ベルクロストラップで補強されている。足首を守り、安全性と安定性を高める。

Dellinger Web Midsole (デリンジャーウェブ・ミッドソール)
ヒールからトウまでミッドソールをカバーするポリアミド製の網の目のような素材で、ヒールが着地すると圧縮し、トルションバーのように機能する。

Dual-Density Polyurethane Sole (デュアルデンシティ・ポリウレタン・ソール)
超軽量ソール。

Equipment (EQT) (エキップメント)
1990年代に導入されたラインで、サポートとクッショニング、ガイダンスに優れたさまざまなモデルを提供した。

Multi-Disc (マルチディスク)
トレフォイルのロゴのディスク多数から成るワイドグリップのアウターソールで、トラクションを改善するためのグリップカップを形成する。鋸歯状のエッジがトラクションを助け、衝撃を吸収する。

Primeknit (プライムニット)
シームレスにすることで軽量化を実現し、柔軟性とサポートを増すように微調整したニット。

Shell Toe (シェルトウ)
丈夫なラバー製のトウキャップで、フォアフットを保護し、停止とスタートの動きを助ける。

Soft Cell (ソフトセル)
アディダスのランニングシューズの大部分に使われている。サスペンションを改善するために開発された。

Suction Cups (サクションカップス)
トラクションを高める。

Torsion (トルション)
ミッドフットをサポートし、動きの制御力、フィット感、保護性を高める。

TPU Heel Counter (TPUヒールカウンター)
安定性を増し、動きの制御に問題を抱える履き手を助ける。

ASICS

GEL Cushioning System (ゲル・クッショニングシステム)
シリコンベースのゲルテクノロジーは、ミッドソールの衝撃の大きい部分に戦略的に配置され、安定性を損なうことなく最適な衝撃吸収性を提供する。

Split Tongue (スプリットタン)
走っている間にずれてしまう従来のタンの履き心地の悪さを解消する。

Sticky Sole (スティッキーソール)
バスケットボールのコート上でのグリップ力と動きやすさを高める。

NEW BALANCE

Abzorb (アブゾーブ)
ミッドフット部分のクッショニングで、衝撃吸収性に優れている。

C-Cap (Cキャップ)
ミッドソールに使われる加圧成形のEVAで、クッショニングと柔軟性を高める。

Encap (エンキャップ)
空気の分子を含むブラウンラバーで、衝撃を分散させる。

Rollbar (ロールバー)
リアフットの動きを最小限にするTPUシステムで、シューズ内での足の回転を制御する。動きの制御と安定性が不可欠なランニングシューズ用。

NIKE/JORDAN

ACG (All Conditions Gear=全天候型ギア)
ナイキの屋外トレーニング用シューズを指す (このラインのスニーカーにはACGのロゴが入り、他のラインと区別している)。

Air 180 (エア180)
アウトソール上の保護用エアユニットが180度の範囲から目に見える。

Air Max 90 Current (エアマックス90 カレント)
エアマックス90ユニットの半分で、ヒールにクッションを与える。フォアフットを自由に動かしやすくするエアカレント・ソールテクノロジーと組み合わせて使われる。

BRS 1000
アウトソールに使われる長持ちする合成ラバー。ラバーに炭素が加えられている。

Clima-Fit (クライマフィット)
糸を緊密に織ったアッパー用素材。通気性がよく、防風性と耐水性もある。主にナイキの機能性アパレル商品に使われている。

Duralon (デュラロン)
通常はランニングシューズのフォアフットに使われる。軽量の合成ポーラス (多孔性) ラバーから作られる。

Dynamic Support (ダイナミックサポート)
ミッドソールのクッショニングシステムで、ランナーをサポートする。

Flyknit (フライニット)
織り糸とさまざまな繊維で作られたワンピースのアッパーで、軽量で形状が足にフィットする、ほぼシームレスのアッパーにすることを目指して開発された。

Flywire (フライワイヤー)
サポート力を高めるために戦略的に配置された繊維で超軽量。紙のように薄い繊維が足のトップ部分をカバーする。アウトソールやアッパーのさまざまな部分に使われ、足をしっかりホールドする。

Foamposit (フォームポジット)
液状のフォームを合成アッパーに注入して固め、成形したもの。

Footbridge (フットブリッジ)
ランナーのために開発された。シューズの内側に沿った5つの指と2つの堅い柱で足が回転する動きをスローダウンする。「エアスタブ」の最大の特徴。

Footscape (フットスケープ)
幅広の足をサポートするために特別に作られたソール。

Free (フリー)
深い歯のような切り込みを入れて、柔軟性を高め、どちらの方向にも動きやすくしたソール。フリーのシューズは0.0から10.0で測られ、0.0が裸足の感触、10.0が伝統的なランニングシューズの履き心地に近い。

Huarache (ハラチ)
通気孔を開けたネオプレンと両面ライクラで作られたソックスで、履いている人の足を効率的に守り、けがのリスクを軽減する。

Ion-Mask (アイオンマスク)
P2iによって製造された防水のナノコーティング・テクノロジーで、スニーカー全体の防水性を高める。

Lunarlite (ルナライト)
ミッドソールに使われるフォームで、弾力性を増す。ファイロンよりさらに軽い。圧力が加わる部分の足の痛みを軽減する。

Lunarlon (ルナロン)
柔らかいが丈夫なフォームコアを補助的フォームの中に入れたクッショニング。軽量で弾力があるため、足にかかるプレッシャーを軽減する。

Max Air (マックスエア)
ナイキのエアクッショニングの1つで、最大限の衝撃保護性を与えるために空気量を最大限増やしている。ミッドソールに導入され、目で見ることができる。

Moire (モアレ)
通気性を最大限高めた、ほとんど縫い目なしのアッパー。

Nike+ (ナイキプラス)
シューズとAppleのデバイスを接続することで、ユーザーのランニングを追跡し、パフォーマンスをモニターする。他のランナーとのコミュニケーション機能もある。

Nike Air (ナイキエア)
快適な履き心地を与えるクッショニング。ほとんどのミッドソールまたはソックライナーに含まれる。1979年に導入されたナイキ独自のクッショニングテクノロジー。

No-Sew (ノーソー)
縫い目部分を加圧溶接し、すっきりした耐水性のあるスニーカーに仕上げる技術。

Phylon (ファイロン)
ミッドソールに使われる。他のミッドソール用フォームより軽量で弾力性がある。黄ばむことがなく、防水性も高い。

Presto Cage (プレストケジ)
「プレスト」の外側にまで延びるレーシングシステムで、サポートを高める。

Torch (トーチ)
シームレスの3層システムで、湿気を逃がす。長時間履いても快適さを持続する。

Visibleair (ビジブルエア)
つねに目で確認できるミッドソールのエアユニット。

Woven (ウーブン)
伸縮性のあるナイロンと伸縮性のないより糸を組み合わせて織ったアッパー。頑丈さとサポートが必要な部分には伸縮性のある糸を使っている。

Zoom Air (ズームエア)
履く人の動きで生じる圧力に反応するクッショニングシステムで、ストレスを吸収し、同じストレスを返す、平らで薄いユニット。

PONY

Hytrel Ankle Support System (ハイトレル・アンクルサポートシステム)
統合サポートシステムで、アンクルとアキレス腱付近に身体構造上効果的なフィット感を与える。

Micro-Pillow Heel (マイクロピロー・ヒール)
ポニーの衝撃吸収クッショニングシステム。

PUMA

Disc (ディスク)
安定性を増すための閉合システム。履く人がディスクを締めると、内部のワイヤーがアッパーを引き締める。

Ecoorthorite (エコオーソライト)
環境に優しいインソールで、再生可能な素材を使っている。恩恵には通気性、湿度コントロール、抗菌性、長期的クッショニングなどがある。

Everride (エバーライド)
ブラウンラバー化合物で、アウトソールのクッショニングを高めるとともに、シューズ全体の重量を引き下げる。

Evertrack (エバートラック)
ラバー化合物で、対摩耗性と耐久性を高めている。

Faas Bioride (ファース・バイオライド)
生化学的なパフォーマンスを高める3つのパーツ——ロッカー、フレックス、グルーヴ——から成るテクノロジーで、自然な反応を引き出すシューズにする。数字は"ファーススケール"を表し、高い数字ほどクッション性が増す。

KMS Lite (KMSライト)
革新的なミッドソール素材。標準的なプーマのEVAソールよりも軽い。

Lace Cover／Flip Tongue (レースカバー／フリップタン)
靴ひもがじゃまにならないようにして、サイクリストの安全性を増す。

Trinomic (トライノミック)
象徴的な五角形のグラフィックで表現されるランニングテクノロジー。モーションコントロールを増す。

REEBOK

3D Ultralite (3Dウルトラライト)
注入成形した軽量の発泡素材で、耐久性と弾力性がある。

ERS (Energy Return System＝エネルギー還元システム)
デュポン・ハイトレル製のプラスチックのシリンダーで、ミッドソールに埋め込まれスプリングの役割を果たす。

Hexalite (ヘクサライト)
ERSテクノロジーに代わる蜂の巣型のシステムで、圧力がかかるピーク時のクッショニング、衝撃吸収性を高める。耐久性も抜群にいい。

PU Foam Insole (PUフォームインソール)
特定量の衝撃を吸収するため、ミッドソールの一番上に加えるクッショニングシステム。

Pump (ポンプ)
内部を膨らませるシステム。足を取り巻くように空気室があり、足にぴったりフィットする履き心地を与える。エアはタン部分から送り込まれる。

SAUCONY

XT600 Rubber Outsole (XT600ラバーアウトソール)
通常は衝撃を受けるポイント、またはアウトソールの三角形の突起部分にだけ配置されるカーボンラバー。耐摩耗性が高く、トラクションを増す。

VANS

Dri-Lex (ドライレックス)
2層構造で皮膚から水分を吸収し、それを外側の層に押し出してすばやく乾燥するようにした汗の管理システム。

Power Transfer Sole (パワー・トランスファー・ソール)
力を移動させるプレートがEVAインソールの下に加えられ、固さを増し、パフォーマンスを安定させる。

Waffle Cupsole (ワッフル・カップソール)
スケートボーダーにどちらの世界でもベストなパフォーマンスを提供する。グリップ力の強いバルカナイズドソールにさらなるサポートと優れた保護を与えるカップが含まれている。

Waffle Sole (ワッフルソール)
逆さまにしたグリップソールで優れたトラクションを与える。

253

INDEX

CYC デザイン 73
DMX テクノロジー (リーボック) 190
DQM 120, 121
DSM (ダーバー・ストリート・マーケット) 211
HTM 97, 107, 110, 11, 136, 152, 240, 241
I.T 210, 211, 244
KITH (キス) 49, 50, 51, 85, 186, 242
MJC, ラ 89, 92
N.E.R.D. 130, 146
Nigo (ニゴー) 191, 197, 226, 244
No6 30, 37, 40
No74 30, 37, 40
Run-DMC (ラン・ディーエムシー) 10, 19, 237
SA スタジオ 241
SPRMRKT (スーパーマルクト) 237
U.N.K.L.E. (アンクル) 147, 249
WTAPS (ダブルタップス) 203, 207, 220
Zozotown (ゾゾタウン) 223

ア
アイアン・メイデン 202
アイバーソン、アレン 190, 200
アシックス 46-59, 85, 89, 186, 242, 243, 247
GT-II プロパー 57
GT-IIX「スーパーレッド 2.0」×ロニー・フィーグ 51
GT-IIX SNS「セブンスシール」56
GT-II「オリンピック チームネーデルラント」52
オニツカタイガー ファブレ BL-L「パンダ」×ミタスニーカーズ 48
ゲルサガ II「マザリンブルー」×ロニー・フィーグ 50
ゲルサガ II× フットパトロール 58
ゲルライト III「セルヴェッジデニム」×ロニー・フィーグ 49, 51
ゲルライト III× エーライフ・リヴィントンクラブ 54
ゲルライト III× スラムジャム「フィフスディメンション」55
ゲルライト III× パタ 46, 47, 59
ゲルライト III× ハノン「ワイルドキャッツ」53
アッパー・プレイグラウンド 16
アディダス 8, 10-45, 174, 184, 242, 243, 244, 245, 246, 247, 248
JS ウィングス × ジェレミー・スコット 43
JS ベア × ジェレミー・スコット 42
RMX EQT サポートランナー × アイラック 34
ZX500× クオート 33
ZX500× シャニクワ・ジャーヴィス 32
ZX8000× ジャック・シャサン & マーカス・ターラー 8, 39
ZX8000× ミタスニーカーズ 35
「オクトーバーフェスト」&「VIP」ミュンヘン × クルックダンズ 11, 27
アディカラー ロー Y1× ツイスト・フォー・ハフ 26
アディゼロ プライムニット「ロンドン・オリンピック」24
インモタイル × ブルックリン・マシーン・ワークス 41
オリジナルス ZX9000× クルックダンズ 11, 38
ガッツレー「ベルリン」× ネイバーフッド 28
キャンパス 80s× ア・ベイシング・エイプ × アンディフィーテッド 11, 21
キャンパス 80s× フットパトロール 11, 22-23
コンソーティアム「B サイド」11, 22
サンバ × リオネル・メッシ 44-45
シルバー プライムニット キャンパス 25
スタンスミス ヴィンテージ × No74×No6 30

スーパースケート × クルックダンズ 11, 13
スーパースター ヴィンテージ「トップシークレット」18
スーパースター 1× スター・ウォーズ「30周年アニバーサリー」36
スーパースター 80s×Run-DMC 10, 19
スーパースター 80s「B サイド」× ア・ベイシング・エイプ 11, 20
スーパースター 80s&ZX8000 G-SNK× アトモス 37
スーパースター「35周年アニバーサリー」シリーズ 16-17
トップテン × アンディフィーテッド × エステヴァン・オリオール「1979」12
トレーニング 72 NG× ノエル・ギャラガー 40
フォーラム ハイ × フランク・ザ・ブッチャー「クレストパック」15
フォーラム ミッド オールスター ウィークエンド アリゾナ 14
プロシェル × スヌープ・ドッグ「スヌーパースター」44-45
ロッドレーバー ヴィンテージ × ミタスニーカーズ 29
ロッドレーバー スーパー × オキニ「ナイルカーブフィッシュ」31
アトモス 37, 102, 112, 113, 196
アパートメント 142
アブドゥル = ジャバー、カリーム 22
アラカザム 223
アロハラグ 71
アンソニー、カーメロ 159, 163
アンダーワールド / トマト 16
アンディフィーテッド 11, 12, 21, 42, 92, 128, 146, 175, 180, 181, 190, 200, 213, 245
ア・ベイシング・エイプ 8, 11, 20, 21, 191, 197, 226, 244
ベイプスタ × ネイバーフッド 231
ベイプスタ × マーベル・コミックス 230

アーヴィング、ジュリアス 68
イノベーションキッチン (ナイキ) 98
ウィズリミテッド 91
ウィリアムス、ファレル 146, 191, 197
ウィルキンス、ドミニク 165
ウェスト、カニエ 97, 154, 246
ウォーホル、アンディ 214, 221
ウッドワード 145
ウールリッチ 234
エアジョーダン 126, 158-73, 242
I「ウィングス・フォー・ザ・フューチャー」× デイヴ・ホワイト 172-72
I レトロハイ ストラップ「ソール・トゥ・ソール」160
I レトロハイ ラフ・アンド・タフ「Quai 54」162
I レトロハイ「25周年アニバーサリー」161
IV「マーズ・ブラックモン」167
IV レトロ レア エア「レーザー」166
V「グリーンビーンズ」170
V T23「ジャパン・オンリー」171
V レトロ「Quai 54」169
IX 169
III「ドゥ・ザ・ライト・シング」168
III ホワイト「フリップ」165
II「カーメロ」163
エクスパンション 195
エスポ (ESPO) 135
エチェヴェリー、ヴィンセント 44
エミネム 130, 131
エーライフ 11, 34, 54, 73, 90, 198
オキニ (oki-ni) 31
鬼塚喜八郎 46
オニツカタイガー 46, 48
オニール、シャキール 190
オフスプリング 62, 78, 79
オリオール、エステヴァン 12, 241
オープニングセレモニー 210

カ
カウズ (KAWS) 119, 208, 209, 245
カキザゲ、ヒロシ、"カーク" 195
カートゥーン、ミスター 136, 137, 203, 208, 209, 219, 241
キックスハワイ 72
キッドロボット 114, 228
ギブス、クリス 128
ギミーファイブ 133
キャバロ、スティーヴ 225
ギャラガー、ノエル 40
キュノネス、リー 16
グッドイナフ 133
クライシ、カズキ 42
クラーク、リチャード 129
クルーズ、アンディ 87
クルーズ、エディ 245
クロット 66, 70, 115, 144, 205, 246
クレイニング、マット 208
ケンゾー 73
コクシュト、ダニエル 33
コジック、フランク 114
コブラスネーク 215
コム・デ・ギャルソン 211
コレット 89, 92, 210, 215
コンセプト 21
コンソーティアム 11, 16, 20, 21, 26, 32, 35, 36, 39, 41
コンバース 60-75, 242, 244, 246, 247, 249
× ミッソーニ 72
アシンメトリカル オールスター オックス & ワンスター オックス × ジャクソン・ナイン 75
オールスター ロー × レイニングチャンプ 73
チャックテイラー オールスター TYO カスタムメイドハイ × ミタスニーカーズ 65
チャックテイラー オールスター「クリーンクラフテッド」× オフスプリング 62-63

ニッテッド オークランドレーサー 72
プロレザーミッド × ステューシーニューヨーク 67
プロレザーミッド & オックス × パタ 69
プロレザーミッド & オックス × フットパトロール 68
プロレザーミッド & オックス × ボデガ 66
プロレザー × ジョーダンブランド 74
プロレザーミッド & オックス × クロット 70
プロレザー & オークランドレーサー × アロハラグ 71
(プロダクト) レッド チャックテイラー オールスター ハイ 64
コーエン、マイカー 85

サ
サイズ? 125, 127
サッカニー 226, 242, 243, 249
シャドウ 5000× ボデガ「エリート」232
サック 72
サンクションド・オートモーティブ 241
ジェイZ 191
ジェイコブズ、マーク 203, 204
シビリスト 222
ジャクソン、ボー 151
シャサン、ジャック 8, 38, 39
シャドウソサイエティ 176, 185
ジャーヴィス、シャニクワ 32
シュプリーム 73, 136, 141, 143, 149, 150, 151, 203, 211, 214, 216, 218, 221, 225, 245
ジュース 70, 205, 246
ジョーカー・ブランド・クロージング 241
ジョーダン、マイケル 74, 158, 159, 165, 170, 172
シンゾー 175, 182
ジー、ハック 114
ジーター、デレク 159
スウィーニー、ウィル 223

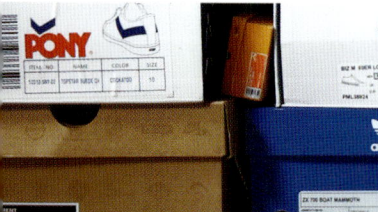

スコット、ジェレミー　11, 42, 43
スタッシュ　8, 130, 134, 136, 208, 209
ステューシー　66, 67, 101, 128, 223, 244, 247, 249
ストーン・ローゼズ　16
スニーカーズ・アン・スタッフ　56, 94, 247
スミス、マーク　98
スラムジャム　55
スリム・シェイディ　130, 131
スープラ　89
セバゴ　89
セブンティファイブ　52
セルフリッジズ　103, 210
宋江　80
ソールコレクター　106, 172
ソールボックス　77, 82, 83, 93, 176, 190, 201, 248

タ

タイヤーマン、ウェス　22
ダスラー、アディ　18, 39, 174
ダスラー、ルドルフ　174
ダレク　114
ターラー、マーカス　8, 27, 38, 39, 44, 45
チェン、ジェイソン　144, 246
ツイスト　26
ディー&リッキー　226, 238
デイヴィドZ　50, 51, 242
デフ・ジャム　237
ドクター・ドレ　178
トライブ・コールド・クエスト、ア　160
ドルューリー、ベン　118, 123, 133, 147, 249

ナ

ナイキ　8, 9, 24, 89, 96-157, 158, 164, 167, 169, 226, 240, 241, 242, 244, 245, 246, 247, 249
　SB ブレーザー×シュプリーム　141
　×ベン・ドルューリー　123
　エア180×オピウム　126
　エア「ネオンパック」×デイヴ・ホワイト　125
　エアイージー×カニエ・ウェスト　154-55
　エアウーヴン「レインボー」×HTM　110, 241
　エアクラシックBW&エアマックス95×スタッシュ　134
　エアスタブ×ヒトミ・ヨコヤマ　133
　エアスタブ×フットパトロール　9, 132
　エアトレーナーII SB×シュプリーム　151
　エアハラチ ライト×ステューシー　101
　エアハラチ「ACG モワブ パック」　100
　エアバースト×スリム・シェイディ　100
　エアフォース1　97, 134, 136, 137, 226, 240, 241
　エアフォース1 フォームポジット「ティアゼロ」　138
　エアフォース180×ユニオン　128
　エアフォースII×エスポ　135
エア フォームポジットワン「ギャラクシー」　8, 139
エアフットスケープ ウーヴン チャッカ×ボデガ　108
エアフットスケープ ウーヴン×ザ・ハイドアウト　109
エアプレスト プロモパック「アース、エア、ファイヤー、ウォーター」　104-5
エアプレスト ロム×HTM　107
エアプレスト×ハローキティ　106
エアプレスト「ハワイエディション」×ソールコレクター　106
エアフロー×セルフリッジズ　103
エアマグ　156-57
エアマックス1 NL プレミアム「キス・オブ・デス」×クロット　115
エアマックス1×アトモス　112
エアマックス1×キッドロボット×バーニーズ　114
エアマックス1×スリム・シェイディ　114
エアマックス90 カレント ハラチ×DQM　121
エアマックス90 カレント モアレ クイックストライク　122
エアマックス90×DQM「ベーコンズ」　120
エアマックス90×カウズ　119
エアマックス90「タン・アン・チーク」×デイジー・ラスカル×ベン・ドルューリー　118
エアマックス95「プロトタイプ」×ミタスニーカーズ　124
エアマックス97 360×ユニオン「ワン・タイム・オンリー」　129
エアマックス×パッタ　97, 116-17
エアリフト×ハル・ベリー　99
コルテッツ プレミアム×マーク・スミス&トム・ルーデック　98
サファリ　112
ジェイド　113
ズーム ブルーイン SB×シュプリーム　150
ダンク SB エディションズ　123, 147
ダンク エディションズ　146
ダンク プロ SB ホワット・ザ・ダンク　148-49
テニスクラシック AC TZ「ミュージアム」×クロット　144
バイオテク　113
バンダル シュプリーム「テアアウェイ」×ジェフ・マクフェトリッジ　143
バンダル×アパートメントストア「ベルリン」　142
フライニット×HTM　152-53
フリー 5.0 プレミアム&フリー 5.0 トレイル×アトモス　102
ブレーザー×リバティ　140
ルナ エア180 ACG×サイズ?　127
ルナ チャッカ ウーヴン ティアゼロ　111
ルナウッド×ウッドウッド　145
ナイト、フィル　96
ナイトレイド　136, 171
ニトロ マイクロフォン アンダーグラウンド　171
ニューバランス　8, 76-95, 184, 242, 243, 245, 247, 248
CM1500&MT580×ラMJC×コレット×アンディフィーテッド　92
CM700×ウィズリミテッド×ミタスニーカーズ　91
M1300「サーモンソール」×ロニー・フィーグ　87
M1500×クルックドタンズ×ソールボックス　82
M1500×ラMJC×コレット　89
M1500「チョーズンフュー」×ハノン　86
M1500「トゥースペスト」×ソールボックス　82
M1500「ブラックビアード」×クルックドタンズ&BJベッツ　81
M576×ハウス33×クルックドタンズ　8, 87
M576×フットパトロール　84
M577×SNS×ミルククレイト　94-85
M577「ブラックソード」×クルックドタンズ&BJベッツ　80
M580×リアルマッドヘクティク　90
ML999「スティールブルー」×ロニー・フィーグ　85
MT580「10周年アニバーサリー」×リアルマッドヘクティク×ミタスニーカーズ　88
×オフスプリング　78-79
×ソールボックス×パープルデビルス」　83
ネイバーフッド　28, 231
ネックフェイス　208, 209

ハ

ハイド、カール　16
ハイドアウト、ザ　109
ハイプビースト　189
パウエル、リッキー　16, 226, 237
ハウス・オブ・フープス　169
バウワーマン、ビル　96
パスヘッド　147
パッカーシューズ　236
パッタ　34, 47, 59, 61, 66, 69, 97, 116, 194, 235, 242
ハットフィールド、ティンカー　96, 97, 100, 110, 157, 158, 170, 241
パッド・プレインズ　202, 216, 217
バドニッツ、ポール　114, 228
ハノンショップ　53, 86, 243
パブリックエナミー　146, 218
パラ　116
パンクヘッド、ウィル　147, 249
パンズ　202-25, 241, 244, 245, 246, 249
Sk8×シュプリーム「パブリック・エナミー」　218
Sk8ハイ&エラ×シュプリーム×アリ・マルコポロス　221
Sk8ハイ×シュプリーム×パッド・プレインズ　202, 216-17
×ケンゾー　210
×ザ・シンプソンズ　203, 208-9
×パッド・プレインズ　217
ヴォールト エラ ラックス×ブルックス　224
ヴォールト メジャーリーグ・ベースボール・コレクション　212-13
エラ×アラカザム×ステューシー　223
エラ×コレット×コブラスネーク　215
オーセンティック シンジケート×ミスター・カートゥーン　219
オーセンティックプロ×シュプリーム×コム・デ・ギャルソン・シャツ　211
オーセンティック プロ&ハーフキャプ プロ×シュプリーム「キャンベルスープ」　214
クラシック スリッポン ラックス×マーク・ジェイコブス　204
クラシック スリッポン×クロット　205
シンジケート チャッカ ロー×シピリスト　222
シンジケート×ダブルタップス　206-7
シンジケート×ダブルタップス ノーガッツ・ノーグローリー Sk8ハイ　220
ハーフキャプ 20×シュプリーム×スティーブ・キャバレロ　225
ハー、ジョシュ　45
パーカー、マーク　97, 110, 237
ハード、ニール　186
バーニーズ　114
ビジー・ワークショップ　197
ビッグプルーフ　131
ビリオネア・ボーイズ・クラブ　197
ヒル、サイプレス　241
ビースティ・ボーイズ　221, 237
ピーマス　187
ファブ・5・フレディ　178
フィアスコ、ルペ　202-03
フィラ　202
トレイルブレイザー×フットパトロール　233
フィリップス、チャド　114, 228
フィーグ、ロニー　47, 49, 50, 57, 77, 85, 186, 242
フォーエバー・フレッシュ　178
フジワラ（藤原）ヒロシ　97, 110, 241
ブッチャー、フランク・ザ　15
フットパトロール　9, 11, 16, 22, 58, 61, 68, 84, 132, 194, 229, 233, 237, 240, 243, 246, 247
フットロッカー　169
フューチュラ　8, 123, 147, 208, 209, 249
プーマ　174-89, 242, 245
R698×クラシックキックス　184
×シャドーソサエティ　176, 185
クライド×アンディフィーテッド「ゲームタイム」　180
クライド×アンディフィーテッド「スネークスキン」　175, 181
クライド×ミタスニーカーズ　177
クライド×Yo! MTV ラップス　174, 178-79
スエード サイクル×ミタスニーカーズ　177
スエード クラシック×シンゾー「ウサイン・ボルト」　175, 182
ステーツ×ソールボックス　176
ダラス「バニップ」ロー×スニーカーフリーカー　188
ディスク ブレイズLTWT×ピーマス　187
ディスク ブレイズOG×ロニー・フィーグ　187
ブレイズ・オブ・グローリー×ハイプビースト　189
ベイスマン、ゲイリー　114
ヘリング、キース　193
ベリー、ハル　99, 130
ベルイマン、イングマール　56
ボイルストン・トレーディング・カンパニー　15
ボデガ　66, 72, 108, 212, 213, 232, 249
ポニー
　M100×ディー&リッキー　238-39
　スラムダンク ヴィンテージ×リッキー・パウエル　237
ボルト、ウサイン　174, 175, 182
ホワイト、デイヴ　125, 159, 172-73, 242
ボンド、ジェームス　12, 42, 245
ポンプテクノロジー（リーボック）　190
ホーパス、デイヴィッド　114
ポール、クリス　159

マ

マクフェトリッジ、ジェフ　143, 209, 245
マルコポロス、アリ　221
マーキー、ビズ　236
マーベル　199, 230
ミタスニーカーズ　29, 35, 48, 61, 65, 88, 91, 124, 177, 183, 192, 194, 195, 196, 246
ミッツォーニ　61, 72
ミヤシタ、タカヒロ（宮下貴裕）　75
メタリカ　202
メッシ、リオネル　44, 45

ヤ

ヤマモト、ヨージ（山本耀司）　11
ヤン、MC　115
ユニオン　16, 128, 129
ヨコヤマ、ヒトミ　133

ラ

ライオンズ、ケヴィン　133
ラヴァー、エド　178
ラクレイト、アーロン　94
ラコステ　89, 226, 246
　ミズーリ×キッドロボット　228
ラスカル、デイジー　118, 123, 249
リアルマッドヘクティク　88, 90
リバティ　140, 210
リム、キャロル　210
リー、スパイク　158-59, 164, 167
リーボック　190-201, 245, 247, 248
　アイスクリーム ロー×ビリオネアボーイズクラブ　197
　インスタポンプフューリー×ミタスニーカーズ　195
　エックスオーフィット×クラフト×ミタスニーカーズ　196
　クエスチョン ミッド×アンディフィーテッド　200
　クラシックレザー ミッド ストラップ ラックス×キース・ヘリング　193
　クラシックレザー×ミタスニーカーズ　192
　コートフォース ビクトリー ポンプ×エーライフ「ザ・ボールアウト」　190, 198
　ポンプオムニ ゾーン LT×ソールボックス　190, 201
　ポンプオムニ ライト×「マーベル」デッドプール　199
　ワークアウトプラス「25周年アニバーサリー」版　194
ルコックスポルティフ　227
　エクラ×フットパトロール　229
ルーデック、トム　98
レイヴァ、ジェシー　129
レイニングチャンプ　61, 72, 73
レオン、ウンベルト　210
ロザーノ、セルジオ　124
ロリンズ、ジミー　159
ロー、クリス　82

ワ

ワード、マーク　38

文・デザイン：
アンオーソドックス・スタイルズ (UNORTHODOX STYLES)
ロンドンを拠点とするクリエイティブ・エージェンシー。1999年、カルチャーとデジタルテクノロジーへの情熱を共有する型破りなクリエイターが集まり結成された。グラフィックデザイン、ウェブデザイン、写真・動画制作を中心に、総合的マーケティングキャンペーン、エディトリアルコンテンツ等を手掛ける。クライアントにはアディダス、リーボック、日産自動車、ギネスなど、世界の一流企業が名を連ねる。スニーカー総合WEBサイトcrookedtongues.comのプロデュースにも携わった。

翻訳：
田口 未和 (たぐち みわ)
上智大学外国語学部英語学科卒業。新聞社の写真記者を経て、フリーランスの翻訳者となる。訳書に、『スニーカー』『デジタルフォトグラフィ』(いずれもガイアブックス)など。

SNEAKERS THE COMPLETE LIMITED EDITIONS GUIDE
スニーカー 限定モデルガイド

発　　　　行	2015年9月1日
発 行 者	吉田 初音
発 行 所	株式会社 **ガイアブックス**

〒107-0052 東京都港区赤坂1-1-16 細川ビル
TEL. 03(3585)2214　FAX. 03(3585)1090
http://www.gaiajapan.co.jp

Copyright GAIABOOKS INC. JAPAN2015
ISBN978-4-88282-943-0 C0077

落丁本・乱丁本はお取り替えいたします。
本書を許可なく複製することは、かたくお断わりします。
Printed in China

THANKS TO

Mubi Ali, Steve Bryden, Russell Williamson, Niranjela Karunatilake, Chris George, James Else, Chris Aylen, Joel Stoddart, Koba, Waseem Sarwar, Wesley Tyerman, Stevey Ryder, Paolo Caletti, Alex Grant, Glen Flurry, Sunil Rao, Thor Geraldsson, Ayodeji Jegede, David Taylor, Kendra Lee Smith, Rob Stewart, Mark Watson, Blair Massari, Acyde, Justin Ip, Dan Richmond, Bert McLean, Jade Ampofo, Shun Ame Sugimoto, Joseph O'Malley

Masahiro Usui – ABC Mart / Emily Chang, Daniel Bauer, Otto Christian, Olivia Fernandez Marin – adidas / Oliver Mak – Bodega /
Hunter and Mr Cartoon / Kevin Poon, Jymi, Pat and all at CLOT /
C_LAW, Jei Morris, James Thome – Converse / Dave White – Dave White Studio / Ben Drury / John Brotherhood – Footpatrol / Richard Airey, Mary-Jane Chow – Gimme 5 / David Taylor, Dugald Allan – Hanon Shop / Eugene Kan, Kevin Ma – Hypebeast / Corey Kamenoff – KITH NYC / Shigeyuki Kunii and all at Mita Sneakers / Julian Howkins, Adrian Fenech, Jaime McCall, Ryan Greenwood, Sharmadean Reid, Kristjan Gilles – Nike Sportswear / Annoushka Giltsoff, Sarah Lawson – A Number Of Names / James Nuttall – oki-ni / Gee, Masta Lee – Patta / Aman Tak, Victoria Barrio – Office/Offspring / Mister lego – Pony/Orange Dot / Emma Roach, Ryan Knight – Collective Brands/PRO-Keds / Laura Fairweather, Rima Patel, Ilyana Ari – Puma / Jill Gate, Kirsten Pugsley – Reebok / Peter Jansson, Johan Unden – SNS / Hikmet – Solebox / Scott Terpstra, Emmy Coats – Stüssy INC / Angelo B – Supreme / KB Lee, Ian Coates – Undefeated / Charlie Morgan, Chris Overholser, Jan Pochobradsky, Nichole Matthews – Vans

The Butcher Shop – Bethnal Green Road, London / Peter – Brick Lane Bikes, London / Andy Willis – Frontside, Hackney Wick, London / Dee – Hackney City Farm, London / Damian – Hoxton Bar & Kitchen, London / Londonewcastle Project Space – London / Meteor Sports – Bethnal Green Road, London / Sebastian Tarek Bespoke Shoes Studio – London / Shanghai – Dalston, London